Lista preliminar da Família **Rubiaceae** na Região Nordeste do Brasil

(Série Repatriamento de Dados do Herbário de Kew para a Flora do Nordeste do Brasil, vol. 1.)

Preliminary list of the **Rubiaceae** in Northeastern Brazil

(Repatriation of Kew Herbarium data for the Flora of Northeastern Brazil Series, vol. 1.)

© 2002 The Trustees of The Royal Botanic Gardens, Kew

First published 2002

Production Editor: S. Dickerson

Cover design by Jeff Eden, page make-up by Media Resources, Information Services Department, Royal Botanic Gardens, Kew

ISBN 1 84246 044 7

Printed by
Culver Graphics Ltd

Contents

Lista preliminar da Família **Rubiaceae** na Região Nordeste do Brasil

(Série Repatriamento de Dados do Herbário de Kew para a Flora do Nordeste do Brasil, vol. 1.)

D. Zappi[1] & T. S. Nunes[2]

Instituições colaboradoras:

Royal Botanic Gardens, Kew

Universidade Estadual de Feira de Santana (HUEFS), Bahia, Brasil

Centro de Pesquisas do Cacau (CEPEC), Itabuna, Bahia, Brasil

Empresa Pernambucana de Pesquisa Agropecuária (IPA), Recife, Pernambuco, Brasil

Centro Nordestino de Informações sobre Plantas (CNIP), Recife, Pernambuco, Brasil

Editora da série: D. Zappi[1]

[1] Herbarium, Royal Botanic Gardens, Kew, TW9 3AE

[2] Universidade Estadual de Feira de Santana, Bahia, Brasil; Darwin Initiative Research Officer no herbário de Kew.

Prefácio

O Nordeste brasileiro, frequentemente associado ao fenômeno periódico da seca e a baixos índices de desenvolvimento humano, transmite uma falsa idéia de constância na paisagem e de baixa diversidade biológica. Todavia, do litoral ao sertão, sucedem-se diversos tipos de vegetação, que, ao longo de um gradiente decrescente de umidade, passam da mata úmida até a caatinga mais seca.

As primeiras estimativas do Programa Plantas do Nordeste (Barbosa et al. 1996) indicam cerca de 20 mil espécies para o Nordeste, aproximadamente 40% do total estimado para o Brasil. Entretanto, informações sobre quais são e como se distribuem estas espécies não estão ainda disponíveis. A maior parte desses dados está de forma dispersa nos herbários da região e em alguns herbários do exterior que possuem coletas históricas do Brasil.

O repatriamento de dados do herbário do RBG Kew, como fase preliminar do Projeto Flora da Bahia, está disponibilizando para a comunidade científica uma parte dessas informações. Não só a lista das espécies que ocorrem na Bahia e nos demais estados do Nordeste, ali depositadas, como também, fotografias e bibliografia de referência dos tipos depositados em Kew. Estes conjuntos, fundamentais para o trabalho de taxonomia subsequente, estão sendo enviados para herbários de referência no Nordeste.

Este primeiro volume, com o checklist da família Rubiaceae, é sem dúvida a listagem mais completa já produzida sobre a família na região, e amplia em muito o número de espécies anteriormente citadas para o Nordeste brasileiro. Ele certamente contribui para o melhor conhecimento da flora do Nordeste, mas, além disso, torna bastante clara a importância da família Rubiaceae na flora da região.

Dra Maria Regina Vasconcellos Barbosa,
ex-presidente da APNE, especialista em Rubiaceae
(Univ. Federal da Paraíba)

Agradecimentos

Gostaríamos de agradecer
– à Darwin Initiative for the Survival of Species pela verba recebida para viabilizar o projeto 'Herbarium Data Repatriation for the Flora of Bahia, Brazil', aprovado em 1998 e finalizado em 2000.
– à Reitora da Universidade Estadual de Feira de Santana, Dra Anaci Bispo Paim e ao Curador do Herbário HUEFS, Dr Luciano Paganucci de Queiroz, pelo afastamento concedido à funcionária Teonildes Nunes durante um ano, no qual ela trabalhou no projeto.
– à equipe do projeto, Eimear Nic Lughadha, pela direção e orientação eficiente e cuidadosa, que certamente maximizou os resultados do trabalho, Eve Lucas, pela atitude entusiástica e ajuda na organização logística, Brian Stannard, pelo treinamento inicial de Teo e apoio recebido subsequentemente, e a Sandy Atkins, pela idéia original do projeto e pelo apoio durante todas as fases do trabalho.
– a Sally Hinchcliffe e Antonella Linguanti, da Unidade de Informática do Kew, por terem padronizado o banco de dados conforme os modelos seguidos pelo Kew e pelo auxílio prestado com o programa Access2.02.
– aos participantes do workshop sobre repatriamento de dados em junho de 1999, delegados brasileiros (Maria Regina V. Barbosa, Ana Maria Giulietti, André de Carvalho, Luciano Paganucci de Queiroz, Carolyn Proença e Myrna Landim) e do Royal Botanic Gardens, Kew (Simon Mayo, Clive Beale, Nicholas Hind, Nigel Taylor, Gwil Lewis, Ray Harley e Bente Bang Klitgaard) pelas discussões estimulantes que auxiliaram na avaliação e no estabelecimento de metas futuras para o repatriamento para o Nordeste do Brasil.
– ao Programa Margaret Mee Fellowships, na pessoa de Michael Daly, pelas bolsas fornecidas para possibilitar a visita dos especialistas brasileiros por ocasião do workshop.
– ao Laboratório de GIS de Kew, na pessoa do técnico Justin Moat, e da aluna de graduação Amy Town, pela produção do mapa de coletas.
– ao pessoal do Centro Nordestino de Informação sobre Plantas, Eduardo Dalcin e Cíntia Gamarra, por preparar o relatório de inconsistências utilizado para verificar e corrigir certos campos do banco de dados; e ao Clive Beale, pelo apoio técnico na preparação e formatação de produtos do banco de dados.

Resumo
O presente trabalho é o resultado do levantamento da família Rubiaceae para o projeto intitulado "Repatriation of Kew Herbarium data for the Flora of Bahia, Brazil", financiado pela Darwin Initiative for the Survival of Species. Mais de 1900 espécimes originários do Nordeste do Brasil foram localizados e determinados com finalidade de maximizar o valor dos dados e imagens repatriados. Este mesmo processo serviu também para melhorar o nível de informação presente nas coleções de Rubiaceae do Nordeste depositadas no herbário de Kew.

A presente lista foi compilada usando apenas material depositado em Kew, e compreende 237 espécies distribuídas em 58 gêneros, dispostas alfabeticamente e por estado, coletor e número. Além da lista principal, uma lista de exsicatas, organizada por coletor e número,

oferece a oportunidade de checar instantaneamente o nome atribuído em Kew a uma determinada coleta. Os ajustes taxonômicos resultantes do projeto foram publicados por Zappi & Nunes (2000).

As Rubiaceae aparecem entre quinto e sétimo lugar em ordem de grandeza em floras e checklists elaborados para o Nordeste (Stannard 1995; Sales 1998), sendo comuns tanto em florestas como em habitats mais abertos, como cerrado, campo e caatinga. O objetivo desta publicação é de disponibilizar informação taxonômica sobre a família para estudantes da flora e também curadores de herbário. A identidade dos espécimes citados foi conferida para aumentar a consistência e estabilizar as determinações de Rubiaceae no Nordeste do Brasil.

Esta publicação é a primeira de uma série de listas que foi considerada prioridade para que os dados sejam disponibilizados de forma eletrônica através do Subprograma de Disseminação do Programa Plantas do Nordeste (SIDT - PNE). Espera-se que esta cópia em papel seja útil para pesquisadores na área de Rubiaceae Neotropicais, de florística e diversidade e também para curadores de herbários brasileiros.

Introdução

Listagens regionais de espécies no Nordeste do Brasil (Stannard 1995; Sales 1998) geralmente colocam a família Rubiaceae entre o terceiro e o quinto lugar em termos de diversidade de espécies; Rubiaceae são frequentes e diversificadas tanto em ambientes florestais como nos cerrados e nos habitats campestres. O objetivo principal de publicar a presente listagem é disponibilizar informação taxonômica sobre este importante grupo de plantas tanto para estudantes como para curadores de herbários. Para realizar este trabalho, a identidade de cada um dos espécimes listados foi conferida, com a finalidade de estabilizar as determinaçõs das Rubiaceae do Nordeste do Brasil.

Material e Métodos

Área de estudo e parâmetros do projeto
A presente listagem é um dos produtos do projeto intitulado "Repatriamento de dados do Herbário de Kew para a Flora da Bahia", custeado pela Darwin Initiative for the Survival of Species (1998-2000), um projeto piloto criado para desenvolver uma metodologia para captura de dados e repatriamento. O projeto tinha por objetivo preparar bancos de dados relativos a oito famílias de plantas vasculares (Cactaceae, Gramineae, Loranthaceae, Myrtaceae, Passifloraceae, Rubiaceae, Verbenaceae e Viscaceae), produzir imagens de alta resolução do material tipo incluído nos bancos de dados e também estimar de modo acurado os recursos necessários para informatizar as restantes coleções do Nordeste do Brasil depositadas em Kew.

Embora inicialmente limitado à Bahia, o projeto foi aumentado de maneira a incluir outros estados nordestinos (Piauí, Ceará, Rio Grande do Norte, Paraíba, Pernambuco, Sergipe e Alagoas). Tal decisão foi justificada pelas seguintes razões: a intenção de abranger uma região fitogeográfica mais ampla, o *'domínio das caatingas'*, e para poder manter relacionamento com pesquisas em desenvolvimento tanto no Brasil como no Kew dentro do subprograma SIDT do Plantas do Nordeste, cujo objetivo é de repatriar e disseminar informações botânicas do Nordeste do Brasil como um todo. O estado do Maranhão não foi incluído por apresentar vegetação relacionada com a Amazônia, e não fazer parte do *'domínio das caatingas'*.

Metodologia adotada

Inicialmente, Teo Nunes, a Darwin Initiative Bahia Repatriation Officer (DIBRO), foi instruída sobre o funcionamento do herbário de Kew e sobre os procedimentos da biblioteca, participou na definição dos campos a serem utilizados e no formato do banco de dados, que foi discutido com o pessoal do departamento de Informática do Kew.

A busca de todos os espécimes coletados no Nordeste foi iniciada a partir de uma lista obtida através do banco de dados de N. Brummitt (inédito), que documenta todos os gêneros representados no herbário de Kew e suas respectivas áreas de ocorrência. No caso de um gênero ocorrer el algum lugar do Brasil, foi feita uma procura sistemática entre as exsicatas desses gêneros, de modo a separar todo o material do Nordeste e mesmo materiais desprovidos de localidade precisa, que poderiam ser oriundos do Nordeste. Certo grau de conhecimento sobre a história da Botânica na América do Sul e também sobre as coleções de Kew fez-se necessário a fim de identificar espécimes do Nordeste entre as coleções do leste da América do Sul. As anotações em muitos dos espécimes fornecem nomes de antigos de localidades, hoje em desuso, e faz-se necessário pesquisar um pouco de modo a verificar a procedência exata do material. Outros, escritos à mão, somente são reconhecidos através do estudo de pesquisadores com muita experiência. Pessoal do projeto e outros pesquisadores (S. Mayo, N. Hind, R. Harley, N. Taylor) forneceram a DIBRO informações importantes sobre coletas históricas.

A revisão da identificação do material foi feita por D. Zappi. Esta revisão assegurou uniformidade entre os nomes usados para coleções de vários períodos históricos, determinadas inicialmente por diversos especialistas ao longo dos anos. Durante esse processo, foi notada a maioria das novidades de taxonomia e nomenclatura, e foram formados conceitos de espécie para os táxons que ocorrem na região. Os espécimes foram então incluídos no banco de dados e receberam códigos de barra.

No herbário de Kew, os materiais-tipo encontram-se depositados dentro de pastas especiais com margens vermelhas. Como a qualidade da curadoria varia de família para família, às vezes materiais encontrados dentro dessas pastas não são materiais-tipo, e, outras vezes, materiais-tipo não foram identificados e marcados como tal, e encontram-se acondicionados juntamente com a coleção geral. Todos os prováveis tipos encontrados durante o trabalho foram julgados quanto ao seu 'status' (isto é, se se tratava de Isótipo, Holótipo etc.),

e posteriormente anotados. Etiquetas de interpretação contendo dados relativos à localidade, coletor, tipo do tipo foram adicionadas a muitos espécimes. Os tipos foram fotografados pelo departamento de Informática de Kew sob forma de 'cibachromes' (imagens de contato coloridas de alta qualidade, que podem ser estudadas sob uma lupa estereoscópica). Quatro cópias de cada espécime-tipo foram produzidas e depositadas no IPA, CEPEC, HUEFS e JPB.

Detalhes dos tipos estudados foram incluídos no banco de dados e foi feita uma busca das descrições originais (ou protólogos) na biblioteca. Uma fotocópia da descrição original foi adicionada ao fototipo de cada material. Esta informação extra aumenta em muito o valor e a utilidade dos fototipos, uma vez que muitas dessas descrições originais são difíceis de obter no Nordeste do Brasil.

Um 'pacote de repatriamento' contendo um relatório impresso com base no banco de dados ('checklist preliminar') e uma coleção de fototipos acompanhados de descrições originais foi preparado. O primeiro 'pacote' a ser finalizado (família Rubiaceae) foi submetido a uma sessão de avaliação em 1998. A cópia destinada ao especialista, neste caso a Dra Maria Regina Barbosa, foi enviada para o herbário JPB, com a finalidade de obter manifestações e críticas ao processo.

Com o auxílio do especialista em GIS do Kew, Dr Justin Moat, e da estudante Amy Town, os dados foram combinados, usando o programa ARCINFO, para produzir um mapa total das coletas realizadas na região, mostrando os vazios de cobertura de coleta na área. A Figura 1 (see page xiii) mostra o mapa da família Rubiaceae.

Em 1999, uma vez finalizado o trabalho de banco de dados, foi promovido um encontro no Kew para que a contrapartida e os usuários dos produtos do projeto verificassem se estes estavam de acordo com as suas expectativas, e se havia modificações necessárias para que o projeto continuasse com sucesso. O trabalho foi formalmente apresentado pela DIBRO e pelos pessoal do projeto, números e estimativas foram fornecidos. Todos os participantes mostraram-se extremamente positivos quanto aos resultados do projeto, e poucas modificações na metodologia foram sugeridas. O encontro resultou na confecção de um relatório de recomendações para repatriamento. Atualmente, mais fundos foram doados pela British American Tobacco para dar continuidade ao projeto por mais 3 anos (2001–2003), com foco no repatriamento das famílias Compositae, Leguminosae e grupos selecionados de Monocotiledoneae.

A nomenclatura genérica e específica dentro das Rubiaceae seguiu o trabalho de Andersson (1992), enquanto que os autores dos nomes foram padronizados de acordo com Brummitt & Powell (1992). O conjunto de dados foi conferido manualmente e um relatório de consistência foi preparado pelo CNIP, dentro do Subprograma de Informação, Disseminação e Trainamento do Programa Plantas do Nordeste, que facilitou o processo de eliminação de inconsistências e erros de digitação.

Resultados

Um total de 1952 espécimes de Rubiaceae do Nordeste do Brasil foram incluídos no banco de dados, representando 237 espécies em 58 gêneros, dos quais 93 materiais-tipo, representanto 68 nomes, foram fotografados.

O incremento causado pela inclusão de todos os estados da região Nordeste duplicou a área coberta pelo projeto, mas envolveu manuseio adicional de pequeno número de espécimes. Por outro lado, o aumento da área estudada resultou na captura de um número maior de tipos. Resultados finais indicam que 36% mais tipos foram fotografados no curso do projeto, em comparação com a previsão original. No caso das Rubiaceae , a inclusão dos demais estados do Nordeste resultou em 24% mais espécimes informatizados, e de mais 33% materiais-tipo fotografados, porém, em termos de espécies adicionais, poucos táxons foram adicionados à lista.

De um total de 237 espécies, 215 ocorrem na Bahia, das quais 137 não ocorrem nos demais estados do Nordeste. Das 100 espécies que ocorrem no restante do Nordeste do Brasil, apenas 22 não foram encontradas na Bahia, havendo 78 espécies em comum entre as duas áreas (Gráfico 1).

A nível genérico, 34 gêneros ocorrem tanto na Bahia como nos outros estados do Nordeste, enquanto que a Bahia apresenta 17 gêneros que não ocorrem nos outros estados do Nordeste, e apenas dois gêneros, *Erithalis e Paederia*, ocorrem no Nordeste mas não na Bahia (Gráfico 2).

O registro de um gênero novo para o Brasil, Erithalis, conhecido apenas da América Central e do Caribe, foi publicado juntamente com notas nomenclaturais e sinonímia nos gêneros *Psychotria e Rudgea* (Zappi & Nunes 2000).

Discussão

A disponibilidade de um especialista para conferir vários aspectos dos conjuntos de dados (identificação dos espécimes, consistência dos nomes, nomenclatura dos tipos, localização da bibliografia) foi fundamental para que o trabalho fosse terminado de modo eficiente e que o grupo de dados compilado fosse satisfatório.

Um dos resultados encontrado durante o trabalho foi a constatação de que o estado da Bahia é realmente muito mais diverso do que outros estados da região Nordeste. Esse resultado pode ter sido parcialmente influenciado pela grande concentração de espécies coletados na Bahia no herbário de Kew, devido à história dessa coleção. A nível específico, este fato contribui para que nossa lista seja mais representativa da flora da Bahia do que dos outros estados do Nordeste.

De qualquer modo, quando correlacionamos o número de gêneros presentes em ambas as listas, o número maior de gêneros encontrados apenas na Bahia (17 dos 58) reflete a maior diversidade de tipos de vegetação que ocorrem nesse estado, juntamente com a 'caatinga', cuja distribuição é generalizada através do Nordeste do Brasil. Veja abaixo alguns exemplos desses tipos de vegetação, focalizando táxons que são mais expressivos na Bahia:

'Campos rupestres'. *Psyllocarpus* é um gênero comum nos 'campos rupestres' do estado de Minas Gerais, cuja distribuição geográfica estende-se até as regiões de altitude da Bahia. Outros gêneros de Rubiaceae, como *Declieuxia* e *Perama*, também apresentam seus centros de diversidade nos 'campos rupestres' de Minas Gerais, e apresentam maior número de espécies na Bahia do que nos restantes estados do Nordeste. Por outro lado, tanto Declieuxia quanto Perama não estão restritos aos 'campos rupestres', apresentando espécies amplamente distribuídas que atingem o norte da América do Sul.

'Campos' sensu lato. Os gêneros *Hindsia*, *Galianthe*, *Sipanea* e *Limnosipanea* são todos típicos de vegetação campestre aberta, porém apresentam padrões fitogeográficos diferentes. Enquanto Hindsia ocorre em campos montanos no leste do Brasil (Itatiaia, Serra dos Órgãos), *Galianthe* possui seu centro de distribuição no oeste, sudeste e sul do Brasil e Paraguay, enquanto *Sipanea* e *Limnosipanea* distribuem-se no Brasil central em campos periodicamente inundados ('pantanal').

'Cerrado'. A distribuição de 'cerrado', exemplificada por *Ferdinandusa*, *Borojoa*, e *Augusta*, pode ser explicada pela influência da vegetação de 'cerrado' do sudeste e centro-oeste do Brasil em partes da Bahia (oeste do Rio São Francisco) e por associações dessa vegetação com a vertente oeste dos 'campos rupestres'.

'Matas de Altitude' e 'Mata Atlântica Sul Bahiana'. *Bathysa* é um gênero amplamente distribuído em matas úmidas, cujo centro de distribuição encotnra-se no sudeste do Brasil, e a mesma distribuição é seguida por várias espécies de *Psychotria*, que atingem o estado da Bahia mas que não chegam aos demais estados do Nordeste. No caso de *Gonzalagunia*, *Retiniphyllum* e *Stachyarrhaena*, tratam-se de gêneros mais diversos na Amazônia e no norte da América do Sul, mostrando extensões de distribuição que atingem as florestas do Sul da Bahia, e que também ocorrem em matas de altitude em 'campos rupestres'.

Por outro lado, apenas dois gêneros, *Erithalis* e *Paederia*, são exclusivos do Nordeste excluindo a Bahia. *Erithalis* ocorre no Caribe e na Venezuela, e foi encontrado em 1887 no arquipélago de Fernando de Noronha, Pernambuco (Zappi & Nunes 2000), enquanto que as únicas coleções neotropicais de *Paederia*, um gênero predominantemente distribuído nos Paleotrópicos, foram feitas por Gardner em 1838, a primeira no Ceará, e a segunda em Goiás. Não existem coletas posteriores nem de *Erithalis* nem *Paederia* no Brasil desde então.

A tabela I compara o tamanho relativo da família Rubiaceae em diferentes tratamentos florísticos de plantas vasculares disponíveis para o Nordeste do Brasil. Usando esses dados para estimar o total da flora do Nordeste representada em Kew, obtivemos um número entre 4,500 e 6,200 espécies, isso assumindo que a representatividade das outras famílias no Kew seja semelhante (ou seja, que as Rubiaceae não estejam sub ou super representadas em relação às outras famílias).

	Catolés Checklist (Zappi et al., no prelo)	Pico das Almas (Stannard 1995)	Brejos de Pernambuco (Sales et al. 1998)
total de espécies de plantas vasculares	1611	1044	957
Rubiaceae	61	44	50
posição da família	quinta maior	quinta maior	terceira maior
% total de espécies	3.8%	4.2%	5.2%

Tabla I. Comparação da diversidade relativa da família Rubiaceae em diferentes inventários.

Trabalhos realizados por outros autores (Barbosa et al. 1996), estimam que a flora da região Nordeste tenha em volta de 20.000 espécies. A explicação mais óbvia para nossos números é que certamente nem todos os táxons de Rubiaceae (ou mesmo de outras famílias!) do Nordeste devem estar representados no Kew. Podemos esperar ainda que muito novos registros venham a ser feitos pelo projeto Flora da Bahia, principalmente no sul e no oeste da Bahia, entre os quais descobertas de espécies novas para a ciência. O total desses estudos pode vir a adicionar cerca de 20% mais espécies àquelas que temos registradas na presente lista.

De qualquer maneira, ao usarmos o número mais modesto encontrado para as Rubiaceae (3,8%) nos inventários consultados, que representa a proporção de Rubiaceae dentro da diversidade total de espécies num habitat muito rico (Campo Rupestre), podemos calcular que, se o número total de espécies no Nordeste do Brasil fosse em torno de 15.000 – 20.000, teríamos entre 568 e 758 espécies de Rubiaceae. O mesmo cálculo usando a proporção mais alta de Rubiaceae (5,2%), obtida num habitat com menor riqueza de espécies, onde as Rubiaceae são mais representativas, leva-nos a estimativas entre 780 e 1.040 espécies de Rubiaceae.

A lista de Barbosa et al. (1996), baseada em dados bibliográficos, registra as Angiospermas para o Nordeste do Brasil, incluindo 246 espécies de Rubiaceae. Mesmo tratando-se de um número próximo daquele encontrado no Kew (237), existe uma diferença impressionante entre os nomes encontrados em ambas as listas, com uma sobreposição de apenas 115 espécies, ou seja, as listas apresentam menos de 50% dos nomes em comum (Gráfico 3).

A nível de gênero, Barbosa et al. (1996) compreende 64 gêneros, novamente próximo ao número encontrado no Kew (58), dos quais 44 aparecem em ambas as listas. A lista produzida a partir do material de Kew apresenta 12 gêneros que não são mencionados em Barbosa et al. (1996), enquanto que esta (Barbosa et al. 1996) possui 20 gêneros que estão ausentes da lista de Kew. Muitos desses 'desencontros' podem ser atribuídos ao fato de Barbosa et al. (1996) não terem padronizado os registros bibliográficos com auxílio de trabalhos modernos, como aquele de Andersson (1992), tendo portanto usado muitos gêneros que são hoje considerados como sinônimos. Na presente lista, estes táxons irão constar sob gêneros diferentes

Vale lembrar que muitas espécies são conhecidas sob diversos nomes científicos nos vários estados do Nordeste (Zappi & Nunes 2000), e que essa situação somente pode ser corrigida se cada táxon registrado para a região for representado através de um ou mais espécimes testemunho (vouchers). Fazem-se necessários mais trabalhos destinados a simplificar e estabilizar os nomes científicos usados para plantas brasileiras, de modo que possamos contar com estimativas mais realistas a respeito da diversidade do país.

Portanto é possível concluir a partir dessas estimativas que um maior volume de trabalho de base em taxonomia deve ser realizado para possibilitar uma boa representação de táxons nesta lista, que as estimativas atuais para o número de espécies na região Nordeste do Brasil parece exagerado, e que um número total de espécies desta flora pode circular em torno de 10.000 espécies.

BIBLIOGRAFIA

Andersson, L. 1992. A preliminary checklist of Neotropical Rubiaceae. Scripta Bot. Belg. 1: 1–199.

Barbosa, M.R.V.; Mayo, S.J.; Castro, A.A.J.F.; Freitas. G.L.; Pereira, M.S.; Gadelha N., P.C.; Moreira, H.M. 1996. Checklist preliminar das angiospermas. In Sampaio, E.V.S.B., Mayo, S. & Barbosa, M. R. V. (Eds.) Pesquisa Botânica Nordestina: Progresso e Perspectivas. Soc. Bot. Brasil, S. Reg. Pernambuco, Editora Universitária, p. 394–400.

Brummit, R.K. & Powell, C.E. (1992). Authors of Plant Names. Royal Botanic Gardens, Kew.

Sales, M.F, Mayo S.J. & Rodal M.J.N. (1998). Plantas Vasculares das Florestas Serranas de Pernambuco: Um Checklist da Flora Ameaçada dos Brejos de Altitude, Pernambuco, Brasil. Universidade Federal Rural de Pernambuco, Imprensa Universitária - UFRPE, Recife.

Stannard, B.L. 1995. Flora do Pico das Almas, Bahia, Brazil. Royal Botanic Gardens, Kew.

Zappi, D.C. & Nunes, T.S. (2000). Notes on the Rubiaceae of Northeastern Brazil. I. Erithalis, Psychotria and Rudgea. Kew Bulletin 55: 655–668.

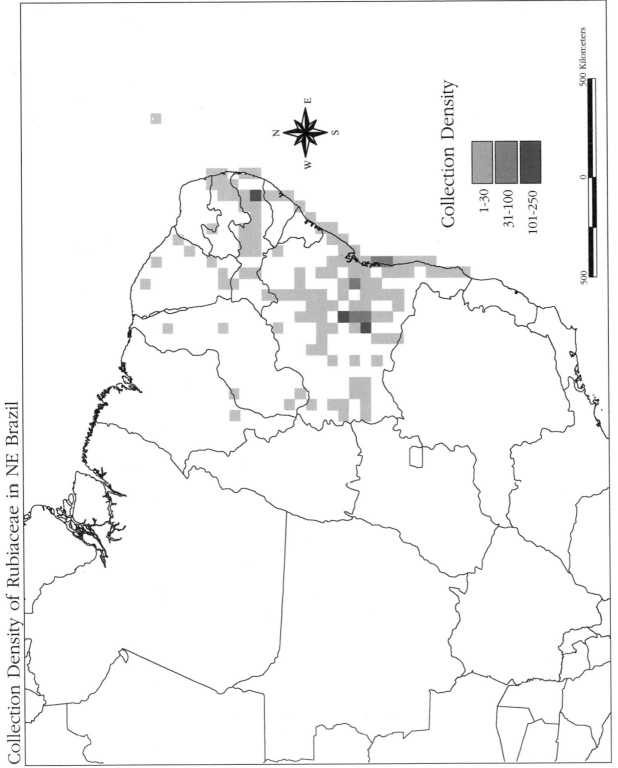

Collection Density of Rubiaceae in NE Brazil

Collection Density

1-30
31-100
101-250

Figura 1. Mapa das coleções botânicas de Rubiaceae no Nordeste do Brasil, com foco na Bahia.
Figure 1. Collecting coverage map for Rubiaceae in Northeastern Brazil, with focus in Bahia.

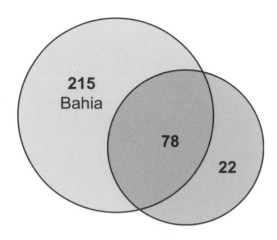

Gráfico 1. Comparação entre as espécies ocorrentes na Bahia e aquelas encontradas no restante do Nordeste. Note que apenas 22 espécies são exclusivas dos outros estados do Nordeste.

Diagram 1. Comparison between species occurring in Bahia and the ones found in the remaining states of Northeastern Brazil. It is worth noting that only 22 species are exclusive of the other states of the Northeast.

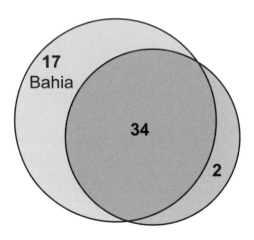

Gráfico 2. Comparação entre os gêneros ocorrentes Bahia e aqueles encontrados no restante do Nordeste.

Diagram 2. Comparison between genera occurring in Bahia and the ones found in the remaining states of Northeastern Brazil.

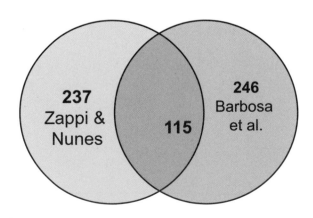

Gráfico 3. Sobreposição entre os nomes de táxons listados no presente trabalho e aqueles encontrados em Barbosa et al. (1996).

Diagram 3. Overlap between the names of taxa listed in the present work and the ones found by Barbosa et al. (1996).

Preliminary list of the **Rubiaceae** in Northeastern Brazil

(Repatriation of Kew Herbarium data for the Flora of Northeastern Brazil Series, vol. 1.)

D. Zappi[1] & T. S. Nunes[2]

Collaborating Institutions
Royal Botanic Gardens, Kew
Universidade Estadual de Feira de Santana, Bahia, Brazil
Centro de Pesquisas do Cacau, Itabuna, Bahia, Brazil
Empresa Pernambucana de Pesquisa Agropecuária (IPA), Recife, Pernambuco, Brazil
Centro Nordestino de Informações sobre Plantas (CNIP), Recife, Pernambuco, Brazil

Series editor: D. Zappi[1]

[1] Herbarium, Royal Botanic Gardens, Kew, TW9 3AE
[2] Universidade Estadual de Feira de Santana, Bahia, Brasil; Darwin Initiative Research Officer no herbario de Kew.

Foreword

Northeastern Brazil, a region known for its periodic droughts and widespread poverty, is often mistakenly assumed to have a simple landscape and low biodiversity. However, from the coast to the interior, there is a succession of different types of vegetation, as a result of the decrease in humidity, from wet forest to the desert-like 'caatinga'.

The first estimates produced by the Plantas do Nordeste Programme (Barbosa et al. 1996), indicate that around 20 thousand species occur in the Brazilian Northeast, nearly 40% of the estimate made for the country as a whole. However, information relating to the identity and distribution of these species is lacking. Most of this information is dispersed in regional herbaria and in foreign collections that house historical material from Brazil.

The repatriation of data from the Kew Herbarium, as a first phase of the Flora da Bahia project, makes part of this information available to the scientific community. It provides a list not only of specimens from Bahia, but also from other states of Northeastern Brazil deposited at Kew, accompanied by photographs and bibliography relating to the type-specimens found within that region. These datasets are fundamental for regional taxonomy and are now available through herbaria in the Northeast.

The first volume, checklist of the Rubiaceae, is certainly the most complete list produced for that family in Northeastern Brazil, and increases the number of species cited for this region. Not only does it contribute to the knowledge of the flora of the Northeast but it makes clear the importance of the family Rubiaceae as a component of this flora.

Dr Maria Regina Vasconcellos Barbosa,
former president of Associação Plantas do Nordeste,
taxonomic specialist in Rubiaceae
(Univ. Federal da Paraíba)

Acknowledgements

We would like to thank

– The Darwin Initiative for the Survival of Species for the grant to fund the 'Herbarium Data Repatriation for the Flora of Bahia, Brazil' project, approved in 1998 and finished in 2000.

– The Rector of the Universidade Estadual de Feira de Santana, Dr Anaci Bispo Paim, and the Curator of the Herbarium HUEFS, Dr Luciano Paganucci de Queiroz, for the secondment of Teonildes Nunes to Kew for one year, to work on this project.

– The project team at Kew, particularly Eimear Nic Lughadha, for careful and efficient direction and supervision, which certainly maximized the results of the work; Eve Lucas, for her enthusiastic attitude and help in logistic matters; Brian Stannard, who trained and supported Teo especially during her first months at Kew, and Sandy Atkins, who had the original idea for the project and provided support during all phases of the work.

– Sally Hinchcliffe and Antonella Linguanti, from the Computer Unit at Kew, for checking that the database was compatible with Kew's core databases and for their support in matters related to the software Access 2.02.

– The participants of the workshop on repatriation of herbarium data, in June 1999, from Brazil (Maria Regina V. Barbosa, Ana Maria Giulietti, André de Carvalho, Luciano Paganucci de Queiroz, Carolyn Proença and Myrna Landim) and from RBG Kew (Simon Mayo, Clive Beale, Nicholas Hind, Nigel Taylor, Gwil Lewis, Ray Harley and Bente Bang Klitgaard) for the stimulating discussions that helped to evaluate the impact and clarify the future objectives for repatriation to Northeastern Brazil.

– The Margaret Mee Fellowships Programme and Michael Daly for grants to support the Brazilian visitors to attend the workshop.

– Justin Moat, from Kew's GIS Unit, and the sandwich student Amy Town, for the production of the collection coverage map.

– to the staff of the Centro Nordestino de Informação sobre Plantas, Eduardo Dalcin and Cíntia Gamarra, for the preparation of a consistency report that helped us to verify and correct some fields of the database from which this checklist was generated; and to Clive Beale, for technical support in the production and formatting of the database outputs.

Summary

The present work is a result of the survey of Rubiaceae for the project "Repatriation of Kew Herbarium data for the Flora of Bahia, Brazil", funded by the Darwin Initiative for the Survival of Species. More than 1900 specimens were examined and critically determined in order to maximize the value of the repatriated data and images and to enhance the level of information in Kew's own collection of Rubiaceae for that region.

The present checklist was compiled using material deposited at Kew and comprises 237 species distributed in 58 genera, alphabetically arranged and sorted by state, collector and number. As well as the main list, a list of specimens, organized by collector and number, allows a collection to be quickly checked against its determination at Kew. The immediate taxonomic adjustments resulting from the elaboration of this list were published by Zappi & Nunes (2000).

The preparation of this series of checklists has been considered a priority in order to make the data available to the Dissemination Subprogramme (SIDT) of PNE (Plantas do Nordeste Programme), and for eventual publication on the Internet. We believe that the hard copy will prove useful for all Neotropical Rubiaceae researchers, most students of floristics and biodiversity, and herbarium curators in Brazil.

Introduction

Northeastern Brazilian regional checklists (Stannard 1995; Sales 1998) usually place the Rubiaceae family between third and fifth in terms of species diversity; Rubiaceae are frequent and diverse in forest conditions but also occur in more open, savannah-like habitats. The main object of publishing the present checklist is to make baseline taxonomic information about this important family available to students of the flora and herbarium curators alike. The identity of the specimens listed has been checked for consistency and therefore this work also aims to stabilize the determination of Northeastern Brazilian Rubiaceae.

Material & Methods

Project outline and area covered

The present checklist is one of the products of the project "Repatriation of Kew Herbarium data for the Flora of Bahia, Brazil", funded by the Darwin Initiative for the Survival of Species (1998-2000), a one-year proof-of-concept project designed to develop and refine the methodology for data capture and repatriation of data from Kew. The project aimed to prepare databases covering all Kew holdings from Bahia of eight plant families (Cactaceae, Gramineae, Loranthaceae, Myrtaceae, Passifloraceae, Rubiaceae, Verbenaceae and Viscaceae), to produce high quality photographic images for all type material included in the databases and to assess accurately the resources required to database the remaining collections from Northeastern Brazil at Kew.

Although initially limited to the state of Bahia, the scope of the project was increased to include other states of Northeastern Brazil (Piauí, Ceará, Rio Grande do Norte, Paraíba, Pernambuco, Sergipe and Alagoas). This decision was taken for the following reasons: to fit a wider phytogeographical region, the 'caatingas dominium' of Northeastern Brazil, and in order to relate more easily to work being developed by Brazil and Kew in one of the Plantas do Nordeste Subprogrammes, the SIDT, which aims to repatriate and disseminate botanical data to Northeastern Brazil as a whole. The state of Maranhão was not included because its vegetation is more related to that of Amazonia, and it is not considered part of the '*caatingas dominium*'.

Methodology adopted

To begin with, Teo Nunes, the Darwin Initiative Bahia Repatriation Officer (DIBRO) was trained in Kew herbarium and library procedures, the fields to be used in the databases were defined and the database format was discussed with the Applications Development staff in Kew's Information Services Department and within the project team.

A search for all Northeastern Brazilian specimens of Rubiaceae was carried out using a shortlist prepared by querying an existing database (N. Brummitt, unpubl.), which documents all genera represented in the Kew herbarium and their regional geographic distribution. In the case of genera reported to occur anywhere in Brazil, the herbarium holdings were searched systematically for NE Brazilian material or material of unspecified origin which might prove to be from NE Brazil. All such material was extracted for further checking. A certain degree of expertise on South American botanical history and on the Kew Herbarium holdings was necessary to identify specimens from Northeastern Brazil from amongst the Eastern South American collections. The field notes of many old specimens give place names which have long since changed, and some research is required to ascertain their provenance. Others, written in obscure handwriting, can only be easily recognized by an experienced eye. Members of the project team and other members of staff and associates (S. Mayo, N. Hind, R. Harley, N. Taylor) advised the DIBRO on localities and plant collectors.

Revision of specimen identification was then undertaken by D. Zappi. This ensured uniformity of naming among collections from various historical periods, named by different specialists over the years. It was at this time when most taxonomic and nomenclatural novelties were spotted, through the process of forming a species concept for the taxa occurring in the region. The specimens were then databased and barcoded.

Type-specimens are stored in special red-margined folders at Kew Herbarium. The standards of curation vary from family to family at Kew, and sometimes the specimens found within 'red covers' are not actually types, while, on the other hand, some types have yet to be identified as such and may not be protected by red folders. All 'putative' types located during the DIBRO's search were assessed according to their status and annotated. Interpretation labels containing further data concerning locality, collector, and type status were added to many specimens. The types were reproduced by Kew's Information Service Department in the form of cibachromes (high resolution, colour contact prints, that can be further resolved under the microscope). Four copies of each type sheet were produced (allocated to IPA, CEPEC, HUEFS and JPB).

Details of the verified types were databased and a library search for the original descriptions, or protologues, of the names concerned was carried out. A photocopy of the relevant protologue was added to the cibachromes of each type. This extra information greatly increases the value and utility of the phototypes, as many of these original publications are not easily available in Northeastern Brazil. A repatriation package containing a full report from the database (in the form of a printed 'preliminary checklist') and a collection of labelled cibachromes with added protologues was prepared. As the first Repatriation package (family Rubiaceae) became available, the first troubleshooting meeting was held at Kew in 1998. The specialist copy was then sent on to the Brazilian specialist in the family, Dr M. Regina Barbosa, in order to obtain feedback.

With the help of Kew's GIS expert, Justin Moat, and Sandwich Student Amy Town, the data were combined, using ARCINFO software, to produce a total collections distribution map for Bahia, showing the lacunae in collection coverage in the area. The dataset of family Rubiaceae is shown in the figure 1.

In 1999, once the databasing work was finished, a workshop was held at Kew to consult Brazilian counterparts and users as to whether the product was adequate and what modifications could be desirable if the project were to continue. The work was formally presented by the DIBRO and Kew members of the team, and figures and estimates were provided. All participants were extremely positive about the outcome of the project, and very few modifications in methodology were suggested. This workshop resulted in the preparation of a report on recommendations for repatriation. Recently, further funds have been obtained from British American Tobacco to continue the project for 3 more years (2001-2003), focussing on the Compositae, Leguminosae and selected groups of Monocotyledons.

Generic and specific names within the Rubiaceae have been standardized according to Andersson (1992) and their author checked against Brummitt & Powell (1992). The dataset was checked manually and a consistency report was prepared by the Subprogramme of Information, Dissemination and Training of the Programa Plantas do Nordeste, in order to eliminate inconsistencies and errors.

Results

A total of 1952 Kew specimens of NE Brazilian Rubiaceae were databased, representing 237 species in 58 genera, of which 93 type sheets, representing 68 names, were cibachromed.

The increase in scope from the state of Bahia to all states of Northeastern Brazil more than doubled the geographical area covered by the project, but involved handling relatively few additional specimens. It resulted, however, in the capture of many more type images. Overall results indicated that 36% more types were imaged in the course of the project than would have been the case had the original geographic circumscription been adhered to. In the case of the family Rubiaceae, the inclusion of the other Northeastern states meant that 24% more specimens were databased, and 33% more types were imaged, but very few additional species were added to the list.

Of the total 237 species, 215 occurred in Bahia, of which 137 did not occur in the other states of Northeastern Brazil. 100 species occurred in the rest of Northeastern Brazil, of which only 22 were not found in the more biodiverse state of Bahia, giving 78 species in common to the two areas (Diagram 1).

At generic level, 34 genera occur both in Bahia and in the other states of Northeastern Brazil, while Bahia has 17 genera that do not occur in the other Northeastern states; and only two genera, Erithalis and Paederia, occur in NE Brazil but not in Bahia (Diagram 2).

A new generic record for Brazil, the genus Erithalis, formerly known only from Central America and the Caribbean, was published along with nomenclatural notes and synonymy on Psychotria and Rudgea (Zappi & Nunes 2000).

Discussion

The availability of a specialist to check various aspects of the datasets (identification of specimens, consistency of names, nomenclature of the types, location of bibliography) was fundamental to the smooth completion of a meaningful dataset.

One of the results found during the present work was that the state of Bahia appears to be much more diverse than the other states of Northeastern Brazil. This is certainly partly due to the greater concentration of specimens from Bahia in the Kew herbarium, for historical reasons. At species level, this makes our checklist more representative of Bahia than of the other states of Northeastern Brazil.

However, when correlating numbers of genera present in both checklists, the relatively large number of genera found only in the state of Bahia (17 out of 58) reflects the greater diversity of vegetation types occurring in this state, alongside the 'caatinga', a dryland scrub or forest which occurs throughout Northeastern Brazil. Summarized below are some examples of these vegetation types:

'Campos rupestres' or Eastern Brazilian highlands.
Psyllocarpus is a genus commonly found in the 'campos rupestres' of the state of Minas Gerais, with a distribution extending to the highlands of Bahia. Other genera of Rubiaceae, like Declieuxia and Perama, also have their centres of diversity in the 'campos rupestres' of Minas Gerais, and are represented by more species in Bahia than in the remaining states of Northeastern Brazil. However, neither Declieuxia nor Perama are restricted to the 'campos rupestres' and both also have widespread species reaching Northern South America.

'Campos' sensu lato, or Brazilian grasslands.
The genera Hindsia, Galianthe, Sipanea and Limnosipanea are all typical of open grassland vegetation, but their phytogeographical patterns are all different. While Hindsia occurs in montane grasslands of eastern Brazil (Itatiaia, Serra dos Órgãos), Galianthe has its centre of distribution in western, southeastern and southern Brazil and Paraguay, and Sipanea and Limnosipanea are distributed in central Brazilian seasonally flooded grasslands (known locally as 'pantanal').

'Cerrado' or Brazilian savannah.
The distribution of genera typical of 'cerrado' in Bahia, for example Ferdinandusa, Borojoa, and Augusta, can be explained by the influence of central and southeastern Brazilian 'cerrado' vegetation in western Bahia (west of the Rio São Francisco) and by the associations of this vegetation with the western slopes of the 'campos rupestres'.

'Montane Forests' and 'South Bahian Atlantic Forest'.
Bathysa is a genus widely distributed in humid forest formations, with its centre of distribution in southeastern Brazil, and the same distribution is seen in several species of Psychotria, which reach the state of Bahia but are not found in the rest of Northeastern Brazil. The genera Gonzalagunia, Retiniphyllum and Stachyarrhaena, all more diverse in the Amazon and in northern South America, show extensions of their range into the forests of Southern Bahia, and sometimes occur in cloud forests within the 'campos rupestres'.

On the other hand, only two genera, Erithalis and Paederia, are exclusive to Northeastern Brazil excluding Bahia. Erithalis occurs in the Caribbean and has been found in 1887 in the archipelago of Fernando de Noronha, Pernambuco (Zappi & Nunes 2000), while the only neotropical collections of Paederia, a predominantly Old World genus, were made by Gardner in 1838, the first one in Ceará, and the second collection in the state of Goiás, in Central Brazil. Neither of these genera have been recollected in Brazil since.

Table I compares the relative size of the family Rubiaceae in different floristic vascular plant treatments available for Northeastern Brazil. Using these data to estimate the total NE Brazilian flora represented at Kew, this gives a range of 4,500 to 6,200 species, assuming the representation of other families at Kew to be similar (i.e. Rubiaceae are not under- or over-represented).

	Catolés Checklist (Zappi et al., unpubl.)	Pico das Almas (Stannard 1995)	Brejos de Pernambuco (Sales et al. 1998)
total vascular plant species	1611	1044	957
Rubiaceae	61	44	50
position of family	5th largest	5th largest	3rd largest
% total species	3.8%	4.2%	5.2%

Table I. Comparison of relative diversity of Rubiaceae in different inventories.

Estimates presented by other authors (Barbosa et al. 1996) are around 20,000 species in NE Brazil. The obvious explanation for our very conservative figures is that we certainly do not have at Kew all the taxa of Northeastern Brazilian Rubiaceae (nor indeed for most other families). It is expected that a search in Brazilian herbaria will result in finding many records that are not deposited at Kew. Moreover, we could expect to find many more species records in southern and western Bahia, among which some will certainly be new to science, and the total could perhaps reach 20% more than what we already have recorded in the present list.

However, using the most conservative figure for the Rubiaceae (3.79%) as the proportion of total species diversity in a very species rich habitat (Campo Rupestre), one can calculate that, if there were 15,000–20,000 species in Northeastern Brazil, between 568 and 758 of these might belong to the Rubiaceae. The same calculation using the highest proportion (5.2%), from a less species-rich habitat, gives a figure of between 780 and 1,040 species of Rubiaceae.

Barbosa et al. (1996) present a literature-based listing of Angiosperms for Northeastern Brazil which includes 246 species of Rubiaceae. Even though the number of species is close to the number found at Kew (237), there is a dramatic difference between the names found in the two lists, with an overlap of only 115 names at species level, i.e., less than 50% of the taxa (Diagram 3).

At generic level, Barbosa et al. (1996) list 64 genera, again close to the number found at Kew (58), of which 44 overlap with the ones presented in this checklist. Kew's checklist presents 12 genera that are not mentioned by Barbosa et al. (1996), while Barbosa et al. (1996) has 20 genera that are absent from Kew's list. Many of these 'mismatches' may be attributed to the fact that Barbosa et al. (1996) did not standardize the bibliography-based records with more up to date literature, such as the checklist produced by Andersson (1992), therefore recognising many genera that have already been synonymized. Such taxa are listed under different genera in the present checklist.

It is worth remarking that many species are known under different scientific names in different states of NE Brazil (Zappi & Nunes 2000), and this situation can only be improved if each taxon reported for NE Brazil is represented by one or more voucher specimens. More work devoted to streamline and stabilize the use of scientific names in Brazil is necessary in order to have a more realistic picture of the country's diversity.

It is possible to conclude from these estimates that more baseline work has to be carried out in order to improve the representation of taxa in the present list, that the current estimates for number of species in Northeastern Brazil seem exaggerated, and that a more realistic figure for the total flora might be around 10,000 species.

REFERENCES

Andersson, L. 1992. A preliminary checklist of Neotropical Rubiaceae. Scripta Bot. Belg. 1: 1–199.

Barbosa, M.R.V.; Mayo, S.J.; Castro, A.A.J.F.; Freitas. G.L.; Pereira, M.S.; Gadelha N., P.C.; Moreira, H.M. 1996. Checklist preliminar das angiospermas. In Sampaio, E.V.S.B., Mayo, S. & Barbosa, M.R.V. (Eds.) Pesquisa Botânica Nordestina: Progresso e Perspectivas. Soc. Bot. Brasil, S. Reg. Pernambuco, Editora Universitária, p. 394–400.

Brummit, R.K. & Powell, C.E. (1992). Authors of Plant Names. Royal Botanic Gardens, Kew.

Sales, M.F, Mayo S.J. & Rodal M.J.N. (1998). Plantas Vasculares das Florestas Serranas de Pernambuco: Um Checklist da Flora Ameaçada dos Brejos de Altitude, Pernambuco, Brasil. Universidade Federal Rural de Pernambuco, Imprensa Universitária - UFRPE, Recife.

Stannard, B.L. 1995. Flora do Pico das Almas, Bahia, Brazil. Royal Botanic Gardens, Kew.

Zappi, D.C. & Nunes, T.S. (2000). Notes on the Rubiaceae of Northeastern Brazil. I. Erithalis, Psychotria and Rudgea. Kew Bulletin 55: 655–668

Lista da Família Rubiaceae

Alibertia concolor (Cham.) K.Schum.

Bahia

Mucugê: Fazenda Pedra Grande estrada para Boninal. 17/2/1997, _Atkins, S._ et al. _in_ PCD 5821.

Palmeiras: Pai Inácio. Fazenda Morro do Pai Inácio, a leste do cruzeiro. 24/4/1995, _Costa, J._ et al. _in_ PCD 1759.

Abaíra: Estrada Catolés-Inúbia, frente a Samambaia, ca. 6 km de Catolés. 28/7/1992, _Ganev, W._ 761.

Rio de Contas: Guarda Mor, Capão de Quinca. 19/7/1993, _Ganev, W._ 1893.

Rio do Pires: Garimpo das Almas (Cristal). 24/7/1993, _Ganev, W._ 1954.

Rio de Contas: Rio da Água Suja, Riacho Fundo. 27/7/1993, _Ganev, W._ 1984.

Abaíra: Jambreiro. 31/1/1994, _Ganev, W._ 2919.

Abaíra: Caminho Catolés-Guarda-Mor. 5/4/1994, _Ganev, W._ 3056.

Abaíra: Catolés de Cima-Contagem. 24/6/1994, _Ganev, W._ 3107.

Abaíra: Catolés-Guarda-Mor, pela Samambaia. 2/6/1994, _Ganev, W._ 3276.

Abaíra: Jambreiro-Belo Horizonte. 14/7/1994, _Ganev, W._ 3545.

Abaíra: Bem-Querer - Garimpo de CIA. 18/7/1994, _Ganev, W._ 3584.

Morro do Chapéu: 2/3/1997, _Gasson, P._ et al. _in_ PCD 5934.

Palmeiras: Pai Inácio. 26/9/1994, _Giulietti, A.M._ et al. _in_ PCD 810.

Palmeiras: Pai Inácio. 26/9/1994, _Giulietti, A.M._ et al. _in_ PCD 810.

Rio de Contas: Pico das Almas. Vertente Leste. 26/11/1988, _Harley, R.M._ et al. 15731.

Rio de Contas: Middle & Upper slopes of the Pico das Almas, ca. 25km WNW of the Vila de Rio de Contas. 18/3/1977, _Harley, R.M._ et al. 19600; 19/3/1977, _Harley, R.M._ et al. 19713.

Palmeiras: Serra do Sincorá, ca. 15km NW of Mucugê on the road to Guiné & Palmeiras. 26/3/1980, _Harley, R.M._ et al. 20975.

Rio de Contas: Pico das Almas. 19/2/1987, _Harley, R.M._ et al. 24423.

Rio de Contas: Encosta do Pico das Almas. 20/2/1987, _Harley, R.M._ et al. 24450.

Rio de Contas: Pico das Almas. Vertente Leste. Junco, 9-11km NO da cidade. 6/11/1988, _Harley, R.M._ et al. 25963.

Rio de Contas: Pico das Almas. Vertente Leste. Campo do Queiroz. 9/11/1988, _Harley, R.M._ et al. 25996.

Rio de Contas: Pico das Almas. Vertente Leste. 26/11/1988, _Harley, R.M._ et al. 26614.

Rio de Contas: Pico das Almas. Vertente Leste. 26/11/1988, _Harley, R.M._ et al. 26614.

Rio de Contas: Pico das Almas. Vertente Leste. Extremo norte do Campo do Queiroz. 22/12/1988, _Harley, R.M._ et al. 27427, 27428.

Abaíra: Serra do Atalho. Complexo Serra da Tromba. 18/4/1994, _Melo, E._ et al. 977.

Palmeiras: Pai Inácio. 21/11/1994, _Melo, E._ et al. _in_ PCD 1179.

Lençóis: Serra da Chapadinha. 23/2/1995, _Melo, E._ et al. _in_ PCD 1701.

Caetité: a 2km ao S de Caetité. 19/3/1980, _Mori, S.A._ et al. 13474.

Abaíra: Campo da Pedra Grande. 25/3/1992, _Nic Lughadha, E._ et al. _in_ H 53345.

Mucugê: próximo ao cemitério. 6/9/1981, _Pirani, J.R._ et al. _in_ CFCR 1911.

Abaíra: Riacho da Taquara. 13/2/1992, _Queiroz, L.P._ et al. _in_ H 51542.

Rio de Contas: Serra do Mato Grosso. 3/2/1997, _Saar, E._ et al. _in_ PCD 4949.

Rio de Contas: Ca. 2km da cidade, em direção a Marcolino Moura. 4/3/1994, _Sano, P.T._ et al. _in_ CFCR 14843.

Rio de Contas: Caminho para a Cachoeira do Fraga. 1/2/1997, _Stannard, B._ et al. _in_ PCD 4766.

Abaíra: Caminho de Boa Vista até o Bicota. 2/3/1992, _Stannard, B._ et al. _in_ H 51711.

Abaíra: Malhada da Areia. 13/3/1992, _Stannard, B._ et al. _in_ H 51923.

Pernambuco

Buíque: Estrada Buíque-Catimbau. 23/2/1996, _Andrade, K._ et al. 311.

Buíque: Estrada Buíque-Catimbau. 17/3/1995, _Figueiredo, L.S._ et al. 25.

Buíque: Estrada Buíque-Catimbau. 4/5/1995, _Rodal, M.J.N._ et al. 527.

Alibertia elliptica K.Schum.

Bahia

Piatã: Povoado da Tromba. 15/6/1992, _Ganev, W._ 492.

Abaíra: Catolés-Abaíra, 4 km de Catolés. 13/11/1992, _Ganev, W._ 1418.

Alibertia myrciifolia K.Schum.

Bahia

Lençóis: Serra da Chapadinha. 22/4/1995, _Ferreira, M.C._ et al. _in_ PCD 1795.

Abaíra: Mendonça de Daniel Abreu, a 3 km de Catolés, a beira do Rio Ribeirão. 15/10/1992, _Ganev, W._ 1225.

Abaíra: Caminho Ribeirão de Baixo-Piatã, pelas Quebradas. Serra do Atalho. 28/11/1992, _Ganev, W._ 1581.

Abaíra: Jambreiro, próximo a Catolés. 10/9/1993, _Ganev, W._ 2215.

Uruçuca: 7,3km N of Serra Grande on road to Itacaré. 6/5/1992, _Thomas, W.W._ et al. 9151.

Paraíba

Itapororoca: Fazenda Macacos. 23/1/1987, _Felix, L.P._ et al. 1523.

João Pessoa: Altiplano. 30/12/1986, _Felix, L.P._ et al. 1757.

Piauí

Ribeiro Gonçalves: Along west branch of brook, "Riacho do Buriti", several hundred meters from its mouth in the Rio Parnaíba opposite Santa Bárbara (in Maranhão). 30/5/1962, *Eiten, G.* et al. 4770.

Alibertia rigida K.Schum.

Bahia

Abaíra: Caminho Lambedor to Roçadão. 27/7/1992, *Ganev, W.* 745.

Abaíra: Garimpo do Engenho. 4/7/1994, *Ganev, W.* 3453.

Itiuba: Serra de Itiuba, about 6km E of Itiuba. 19/2/1974, *Harley, R.M.* et al. 16224.

Camaleão: On the Ituiba-Cansação road. 21/2/1974, *Harley, R.M.* et al. 16467.

Piatã: 8 km do entroncamento de Catolés da estrada entre Piatã e Abaíra. 5/9/1996, *Harley, R.M.* et al. 28300.

Pernambuco

Buíque: Estrada Buíque-Catimbau. 10/10/1995, *Andrade, K.* 246.

Buíque: Estrada Catimbau-Buíque. 20/11/1995, *Andrade, K.* et al. 262.

Buíque: Estrada Buíque-Catimbau. 23/2/1996, *Andrade, K.* et al. 313.

Venturosa: Parque Pedra Furada 17/1/1998, *Costa, K.C.* et al. 8; 29/1/1999, *Costa, K.C.* et al. 143.

Buíque: Catimbau, Serra do Catimbau. 18/9/1994, *Sales de Melo, M.R.C.* 388, 426.

Buíque: Catimbau, Serra do Catimbau. 18/10/1994, *Villarouco, F.A.* 5.

Alibertia sessilis (Vell.) K.Schum.

Alagoas

Maceió: 6km S de Maceió. 2/2/1982, *Kirkbride. J.H.* 4631.

Bahia

Abaíra: Mata do Criminoso. 3/11/1993, *Ganev, W.* 2400.

Salvador: Dunas de Itapuã, ca. 30 km ao Norte da cidade. Arredores do aeroporto. 21/1/1987, *Harley, R.M.* et al. 24113.

Caetité: Ca. 7 km S de Caetité, na estrada para Brejinho das Ametistas. 27/10/1993, *Queiroz, L.P.* et al. 3598.

Ceará

unloc.1839, *Gardner* 1687.

unloc.

unloc.5/1866, *Blanchet* 3326.

Alseis floribunda Schott.

Bahia

Lençóis: Remanso/Maribus. 29/1/1997, *Atkins, S.* et al. *in* PCD 4662.

Monte Santo: 20/2/1974, *Harley, R.M.* et al. 16428.

Barra da Estiva: Side road ca. 2 km from Estiva, about 12 km N of Senhor do Bonfim on the BA 130 to Juazeiro. 27/2/1974, *Harley, R.M.* et al. 16510.

Barra da Estiva: Side road ca. 2 km from Estiva, about 12 km N of Senhor do Bonfim on the BA 130 to Juazeiro. 27/2/1974, *Harley, R.M.* et al. 16510.

Antônio Cardoso: 20 km de Feira de Santana, na Br 116, Fazenda Sossego. 14/4/1995, *Melo, E.* et al. 1151.

Milagres: 2 km S da sede do município. 15/4/1995, *Melo, E.* et al. 1199.

Maracás: Rod. BA-026, a 6 km a SW de Maracás. 17/11/1978, *Mori, S.A.* et al. 11105.

Feira de Santana: Ba 052, 25 km NW de F. de Santana. 13/11/1986, *Queiroz, L.P.* et al. 1003.

Valente: BA 120, 3 km apos Valente. 16/11/1986, *Queiroz, L.P.* et al. 1114.

Serra Preta: Fazenda Manoíno. 7/12/1992, *Queiroz, L.P.* et al. 2917.

Itaberaba: Fazenda Palmeiral, ca. 4 km da variante partindo da BR-242, esta a ca. 3 km W de Itaberaba 28/4/1994, *Queiroz, L.P.* et al. 3893.

Morro da Cruz: Morro da Cruz bei Tambury.10/1906, *Ule, E.* 7063.

Alseis involuta K. Schum.

Bahia

Maracás: Caldeirão 10/1906, *Ule, E.* 7268.

Alseis cf. ***pickelii*** Pilger & Schmale

Paraíba

Areia: Entre Areia e Olivença 10/1942, *Lemos Froes, R.* 19957.

Amaioua guianensis Aubl.

Bahia

Una: Estrada Ilhéus/Una, Km 27 do S de Olivença. 2/12/1981, *Carvalho, A.M.* et al. 867.

Una: Ca. 50km S of Ilhéus on road to Una. 15/2/1992, *Hind, D.J.N.* et al. 43.

Pernambuco

São Vicente Ferrer: Mata do Estado. 11/2/2000, *Ferraz, E.* et al. 849.

Brejo da Madre de Deus: Mata da Ponta 14/9/1999, *Silva, A.G.* et al. 163.

Amaioua intermedia Mart.

Bahia

Lençóis: Caminho para Mata de Remanso. 30/1/1997, *Atkins, S.* et al. *in* PCD 4699.

Lençóis: Pai Inácio, N estrada para Remanso 14-16 km de Lençóis. 12/3/1997, *Gasson, P.* et al. *in* PCD 6204.

Una: Maruim, border of the Fazendas Maruim and Dois de Julho, 33 km SW of Olivença on the road from Olivença to Buerarema. 13/5/1981, *Mori, S.A.* et al. 13983.

Mun.?: in collibus umbrosis. *Salzmann* s.n.

Amaioua intermedia Mart. ***var. brasiliana*** (DC.) Steyerm.

Bahia

Mun.?: in collibus umbrosis. s. coll. s.n.

Valença: Estrada Valenca/Guaibim, Km 10. 8/1/1982, *Carvalho, A.M.* et al. 1126.

Ilhéus: Fazenda Barra do Manguinho. Ramal com entrada no Km 10 da Rod. Pontal/Olivença, lado direito, 3 km a oeste da rodovia. 5/2/1982, *Mattos Silva, L.A.* et al. 1400.

Ilhéus: Estrada que liga Olivença a Vila Brasil 7 km. 16/2/1982, *Mattos Silva, L.A.* et al. 1533.

Amaioua pilosa K.Schum.

Bahia

Mun.?: Villa vicara. s. coll. s.n.

Barra da Estiva: Ca. 6 km N of Barra da Estiva not far from Rio Preto, on grassland with scattered shrubs and occasional woodland overlying white sand and crystallina quartz. 29/1/1974, *Harley, R.M.* et al. 15654.

Camacã: Ramal para a Torre da Embratel na Serra Boa, ao N de São João da Panelinha. 6/4/1979, *Mori, S.A.* et al. 11712.

Augusta longifolia (Spreng.) Rehder

Bahia

Barra da Estiva: 22 km NE de Barra da Estiva, 2 km antes de Sincorá velho. 23/11/1992, *Arbo, M.M.* et al. 5751.

Lençóis: Mucugêzinho, Km 22 da rod. BR 242. 21/12/1981, *Carvalho, A.M.* et al. 1066.

Lençóis: Serra da Chapadinha. 5/1/1996, *Carvalho, A.M.* et al. *in* PCD 2179.

Rio do Pires: Riacho da Forquilha. 27/7/1993, *Ganev, W.* 1987.

Abaíra: Mendonça de Daniel Abreu. 21/2/1994, *Ganev, W.* 2972.

Itacaré: Ca. 6 km SW of Itacaré, on side road by small dam and hydroelectric generator by river. 30/3/1974, *Harley, R.M.* et al. 17529; 31/1/1977, *Harley, R.M.* et al. 18452.

Rio de Contas: Between 2,5 and 5 km S of Vila of Rio de Contas on side road to W of the road to Livramento, leading to the Rio Brumado. 28/3/1977, *Harley, R.M.* et al. 20106.

Rio de Contas: Rio Brumado, 13 km ao norte da cidade na estrada para o povoado de Mato Grosso. 27/10/1988, *Harley, R.M.* et al. 25705.

Rio de Contas: 17-20 km ao N da cidade dna estrada para o povoado de Mato Grosso. 9/11/1988, *Harley, R.M.* et al. 26079.

Agua Quente: Pico das Almas. Vertente Oeste, entre Paramirim das Crioulas e a face NW do pico. 17/12/1988, *Harley, R.M.* et al. 27580.

Rio de Contas: Salto do Fraga. 6/4/1992, *Hatschbach, G.* et al. 56681.

Rio de Contas: Cachoeira do Fraga. 14/11/1996, *Hind, D.J.N.* et al. *in* PCD 4244.

Abaíra: Brejo do Engenho. 27/12/1992, *Hind, D.J.N.* et al. *in* H 50482.

Lençóis: Rio Mucugêzinho. próximo a BR-242, em direçãoa Serra do Brejo, próximo ao Morro do Pai Inácio. 20/12/1984, *Lewis, G.P.* et al. *in* CFCR 7326.

Rio de Contas: 9-11 km ao N de Rio de Contas, na estrada para o povoado Mato Grosso. 20/7/1979, *Mori, S.A.* et al. 12352.

Bathysa mendoncaei K.Schum.

Bahia

Itacaré: Ramal da torre da Embratel com entrada no Km 15 da Rod. Ubaitaba/Itacaré (Br 654). 8/2/1979, *Mori, S.A.* et al. 11506.

Itacaré: Fazenda das Almas, Km 18 da rod. Ubaitaba/Itacaré. 27/1/1982, *Santos, T.S.* et al. 3727.

Borojoa lanceolata (Cham.) Cuatrec.

Bahia

Mun.?: Serra do Acurua. *Blanchet* 2829.

Mun.?: Serra do Acurua. *Blanchet* 2829.

Rio de Contas: Estrada para a Cachoeira do Fraga, no Rio Brumado, a 3 km do Mun. Rio de Contas. 22/7/1981, *Furlan, A.* et al. *in* CFCR 1682.

Abaíra: Mata do Engenho, 5 km from Catolés. 24/11/1992, *Ganev, W.* 1546.

Rio de Contas: Rio Água Suja, near Riacho Fundo. 27/7/1993, *Ganev, W.* 1986.

Abaíra: Catolés de Cima, Brejo de Altino. 31/10/1993, *Ganev, W.* 2375.

Rio de Contas: 12-14 km N of town of Rio de Contas on the road to Mato Grosso. 17/1/1974, *Harley, R.M.* et al. 15176.

Rio de Contas: 10 km N of town of Rio de Contas on road to Mato Grosso. 19/1/1974, *Harley, R.M.* et al. 15283.

Livramento do Brumado: Just North of Livramento do Brumado on the road to Vila do Rio de Contas. 23/3/1977, *Harley, R.M.* et al. 19873.

Rio de Contas: 5 km da cidade na estrada para Livramento do Brumado. 25/10/1988, *Harley, R.M.* et al. 25601.

Agua Quente: Pico das Almas. Vertente Oeste. Entre Paramirim das Crioulas e a face NW do pico. 17/12/1988, *Harley, R.M.* et al. 27582.

Rio de Contas: Rio Brumado, próximo a Cachoeira do Fraga. 14/11/1996, *Hind, D.J.N.* et al. *in* PCD 4254.

Rio de Contas: Fazenda Fiuza. 4/2/1997, *Passos, L.* et al. *in* PCD 5044.

Ituaçu: 2 km SE da cidade de Ituaçu. 22/6/1987, *Queiroz, L.P.* et al. 1675.

Borreria capitata (Ruiz & Pav.) DC.

Bahia

Jacobina: Serra de Jacobina 1837, *Blanchet* 2619.

Abaíra: Salão, estrada Catolés-Barra. 16/4/1992, *Ganev, W.* 509.

Abaíra: Catolés de Cima-Contagem. 24/4/1994, *Ganev, W.* 3111.

Ibicoara: Lagoa Encantada, 19 Km NE of Ibicoara near Brejao. 1/2/1974, *Harley, R.M.* et al. 15773.

Rio de Contas: Middle NE slopes of the Pico das Almas, ca. 25 Km WNW of the Vila do Rio de Contas. 18/3/1977, *Harley, R.M.* et al. 19645.

Rio de Contas: Ca. 1Km sout of small town of Mato Grosso on the road to Vila do Rio de Contas. 24/3/1977, *Harley, R.M.* et al. 19893.

Morro do Chapéu: Below summit of Morro do Chapéu, ca. 8 km SW of the town of Morro do Chapéu to the west of the road to Utinga. 2/6/1980, *Harley, R.M.* et al. 23007.

Rio de Contas: Pico das Almas, vertente Leste. Junco. 21/12/1988, *Harley, R.M.* et al. 27645.

Rio de Contas: Salto do Fraga. 6/4/1992, *Hatschbach, G.* et al. 56685.

Feira de Santana: Campus da UEFS. *Lobo, C.M.B.* 3.

Cruz de Cosme: *Luschnath* 94.

Maraú: Rod. Br 30, trecho Ubaitaba/Maraú, 45-50 km a leste de Ubaitaba. 12/6/1979, *Mori, S.A.* et al. 11981.

Rio de Contas: 4Km ao N de Rio de Contas. 21/7/1979, *Mori, S.A.* et al. 12416.

Palmeiras: Pai Inácio, lado oposto da torre de repetição. 29/8/1994, *Orlandi, R.* et al. *in* PCD 517.

Abaíra: Entre a Mata do Cigano e o Tijuquinho. 19/4/1998, *Queiroz, L.P.* et al. 5010.

Mun.?: in apricus. *Salzmann* s.n.

Piatã: Estrada Piatã-Inúbia, 25 km NW Piatã, Serra do Atalho. 23/2/1994, *Sano, P.T.* et al. *in* CFCR 14432.

Abaíra: Campo de Ouro Fino. 1/2/1992, *Stannard, B.* et al. *in* H 51131.

Piauí

unloc. 1841, *Gardner* 2888.

unloc.

unloc. *Martius* s.n.

unloc. *Schumann* s.n.

Borreria cymosa (Spreng.) Cham. & Schltdl.

Bahia

Itabuna: 10 Km S de Pontal (Ilhéus), caminho para Olivença, local de extração de areia. 4/12/1992, *Arbo, M.M.* et al. 5569.

Belmonte: 24Km SW of Belmonte, on road to Itapebi. 24/3/1974, *Harley, R.M.* et al. 17332.

Porto Seguro: Reserva Biológica do Pau Brasil (CEPLAC) 17Km W from Porto seguro on road to Eunápolis. 20/1/1977, *Harley, R.M.* et al. 18117.

Borreria decipiens K.Schum.

Piauí

Oeiras: 3/1839, *Gardner* 2193, ISOTYPE, Borreria decipiens K.Schum..

Oeiras: 3/1839, *Gardner* 2193, ISOTYPE, Borreria decipiens K.Schum..

Borreria densiflora DC.

Ceará

unloc. 1839, *Gardner* 1708.

unloc. 9/1838, *Gardner* 1708.

Crato: Growing on open, waste ground by canal. 27/2/1972, *Pickersgill, B.* et al. *in* RU 72.

Borreria eryngioides Cham. & Schltdl.

Bahia

Anguera: Lagoa 5. 15/9/1996, *Melo, E.* et al. 1735.

Mun.?: in argillosis apricis. *Schumann* s.n.

Borreria gracillima DC.

Bahia

Abaíra: Distrito de Catolés: Encosta da Serra do Atalho, frente às Quebradas. 12/4/1992, *Ganev, W.* 108.

Piatã: 13/2/1987, *Harley, R.M.* et al. 24162.

Piatã: Arredores de Piatã, na estrada para Ouro Verde. 20/3/1992, *Stannard, B.* et al. *in* H 52727.

Borreria humifusa Mart.

Bahia

Mun.?: Cruz de Cosme 21/8/1835, *Glocker* 4.

Mun.?: Cruz de Cosme. *Luschnath* 88, ISOTYPE, Borreria humifusa Mart.

Una: Estrada que liga BR 101 (São José) com BA 265, a 17 km da primeira. 27/9/1979, *Mori, S.A.* et al. 12820.

Una: 8/1821, *Riedel* 266.

Mun.?: in umbrosis. *Salzmann* s.n.

Paraíba

Areia: Mata do Pau Ferro. 5/9/1980, *Fevereiro, V.P.B.* et al. *in* M 33.

Pernambuco

Bonito: Serra do Himalaia. 29/8/1987, *Felix, L.P.* et al. 1575.

Bonito: Reserva Municipal de Bonito. 12/9/1995, *Rodrigues, E.* et al. 44.

Caruaru: Distrito de Murici, Brejo dos Cavalos. 6/10/1995, *Rodrigues, E.* et al. 81.

Bonito: Reserva Municipal de Bonito. 12/9/1995, *Sales de Melo, M.R.C.* et al. 178.

Caruaru: Distrito de Murici, Brejo dos Cavalos. 11/9/1995, *Sales de Melo, M.R.C.* et al. 207.

Bonito: Reserva Municipal de Bonito. 12/9/1995, *Sales de Melo, M.R.C.* et al. 230.

Borreria laevis (Lam.) Griseb.

Bahia

Mucugê: By Rio Cumbuca, about 3 Km N of Mucugê on the Andaraí road. 5/2/1974, *Harley, R.M.* et al. 16018.

Borreria latifolia (Aubl.) K.Schum.

Bahia

Ibotirama: Rodovia (BR-242) Ibotirama-Barreiras, Km 30. 7/7/1983, *Coradin, L.* et al. 6598.

Rio de Contas: Pico das Almas. Vertente Leste. Campo do Queiroz. 9/11/1988, *Harley, R.M.* et al. 25993.

Borreria monodon K.Schum.

Bahia

Maraú: Coastal Zone, ca. 5 Km SE de Maraú near junction with road to Campinho. 14/5/1980, *Harley, R.M.* et al. 22030.

Ilhéus: Olivença, 2-3 Km N. 11/4/1992, *Hatschbach, G.* et al. 57006.

Salvador: Dunas de Itapuã, Arredores da Lagoa do Abaeté. 19/10/1984, *Noblick, L.R.* et al. 3437.

Santa Cruz Cabrália: BR 367, a 18,7 Km ao N de Porto Seguro, próximo ao nível do mar. 27/7/1978, *Mori, S.A.* et al. 10338.

Borreria ocymifolia (Roem. & Schult.) Bacigalupo & E.L.Cabral

Bahia

unloc. 1832, s. coll. 158.

Porto Seguro: Pau Brasil Biological Reserve, 17 Km W from Porto Seguro on road to Eunápolis. 19/3/1974, *Harley, R.M.* et al. 17172.

Porto Seguro: Parque Nacional de Monte Pascoal, on NW slopes of Monte Pascoal. 11/1/1977, *Harley, R.M.* et al. 17819.

Porto Seguro: Parque Nacional de Monte Pascoal, on NW slopes of Monte Pascoal. 12/1/1977, *Harley, R.M.* et al. 17875.

Poções: Fazenda Boa Esperança. Rodovia BR 116 (Rio/Bahia), 9 Km ao Sul de Poções. Ramal com entrada em frente ao Posto Atalaia-2. 5/4/1988, *Mattos Silva, L.A.* et al. 2331.

Mun.?: in humidis. *Salzmann* s.n.

Ceará

Maranguape: 11/7/1989, *Felix, L.P. in* EAN 6579.

Pernambuco

Maracás: Serra do Urubu. 29/8/1987, *Felix, L.P.* et al. 1557.

Mun.?: In dry shady places. 11/1837, *Gardner* 1036.

Caruaru: Distrito de Murici, Brejo dos Cavalos. 6/9/1995, *Marconi, A.B.* et al. 68.

Caruaru: Distrito de Murici, Brejo dos Cavalos. 6/9/1995, *Oliveira, M.* et al. 75.

Borreria oligodonta Steyerm.

Bahia

Itabuna: 10 Km S de Pontal (Ilhéus), caminho para Olivença, local de extração de areia. 4/12/1992, *Arbo, M.M.* et al. 5548.

Ilhéus: 10 Km S de Pontal (Ilhéus), caminho para Olivença, local de extração de areia. 4/12/1992, *Arbo, M.M.* et al. 5548.

Barra da Estiva: 8Km S de Barra da estiva, caminho a Ituaçu: Morro do Ouro y Morro da Torre. 23/11/1992, *Arbo, M.M.* et al. 5717.

Lençóis: BR 242, 3-8Km W del desvio a Lençóis. 26/11/1992, *Arbo, M.M.* et al. 5794.

Correntina: Chapadão ocidental da Bahia, 12Km N of Correntina, on the road to Inhaumas. 28/4/1980, *Harley, R.M.* et al. 21867.

Maraú: Ponta do Mutá (Porto de Campinhos). 6/2/1979, *Mori, S.A.* et al. 11373.

Mucugê: Estrada Andaraí-Mucugê, 4-5Km de Andaraí. 8/9/1981, *Pirani, J.R.* et al. *in* CFCR 2082.

Palmeiras: 1872, *Preston, T.A.* s.n.

Palmeiras: 1872, *Preston, T.A.* s.n.

Pernambuco

unloc. 1872, *Preston, T.A.* s.n.

Borreria reflexa Kirkbr.

Bahia

Mun.?: Espigão Mestre, Serra 22 Km W of Barreiras. 2/3/1972, *Anderson, W.R.* et al. 36482, ISOTYPE, Borreria reflexa Kirkb.

Barreiras: Near Rio Piau, ca. 150Km SW of Barreiras. 14/4/1966, *Irwin, H.S.* et al. 14818.

Borreria scabiosoides Cham. & Schltdl.

Bahia

Ilhéus: CEPEC, Km 22 da Rodovia Ilhéus/Itabuna. Quadra E, recentemente limpa de toda a sua vegetação. 11/4/1979, *Mori, S.A.* et al. 11715.

Ceará

Crato: 9/1839, *Gardner* 1707.

Crato: 9/1839, *Gardner* 1707.

Paraíba

Brejo da Cruz: Est. de Catolé do Rocha a Brejo da Cruz. 2/6/1984, *Collares, J.E.R.* et al. 164.

Pernambuco

unloc. 1838, *Gardner* s.n.

unloc. 1838, *Gardner* 1034.

unloc. 10/1837, *Gardner* 1034.

unloc. 1838, *Gardner* 1036.

Caruaru: Distrito de Murici, Brejo dos Cavalos. 11/9/1995, *Sales de Melo, M.R.C.* et al. 204.

Sergipe

Aracaju: Aracatu [Aracaju] 7/1838, *Gardner* 1703.

Borreria scabiosoides Cham. & Schltdl. **var. glabrescens** Huber.

Bahia

Ilhéus: Area do CEPEC (Centro de Pesq. do Cacau), Km 22 da rodovia Ilhéus/Itabuna - BR 415. 12/5/1978, *Mori, S.A.* et al. 10097.

Borreria tenera DC.

Bahia

Camaçari: Ba-099 (estrada do coco), entre Arembepe e Monte Gordo. 14/7/1983, *Bautista, H.P.* et al. 816.

Mun.?: Serra de Erada [Errada?]. 1837, *Pohl* 785, ISOTYPE, Borreria tenera DC..

Mun.?: Serra de Erada [Errada?]. 1837, *Pohl* 1567, ISOTYPE, Borreria tenera DC..

Borreria verticillata (L.) G.F.W.Meyer

Bahia

Andaraí: 7Km SW de Nova Redenção, caminho a Mucugê 25/11/1992, *Arbo, M.M.* et al. 5778.

Barra da Estiva: Estrada Barra da Estiva-Mucugê, Km 7. 4/7/1983, *Coradin, L.* et al. 6410.

Mun.?: Probably in Salvador. 2/1832, *Darwin, C.* 220.

Rio de Contas: Pico das Almas. Vertente Leste. Faz. Silvina, 19 Km ao NO da cidade. 23/10/1988, *Harley, R.M.* et al. 25302.

Anguera: Lagoa 5. 15/9/1996, *Melo, E.* et al. 1718.

Cruz de Cosme: Campos. 8/1835, *Riedel* 91.

Mun.?: in apricus, *Salzmann* s.n.

Ceará

unloc. 1839, *Gardner* 1711.

Crato: 10/1838, *Gardner* 1711.

Paraíba

João Pessoa: Cidade Universitária, 6 Km Sudeste do centro de João Pessoa. 2/1990, *Agra, M.F.* 1178.

Pernambuco

Mun.?: Fernando de Noronha, s. coll. 160.

Mun.?: Fernando de Noronha 9/1973, *Moseley* s.n.

unloc.

unloc. s. coll. s.n.

Borreria wunschmannii K.Schum.

Bahia

Barreiras: Cerrado, 7Km S of the Rio Piau, ca. 150 Km SW of Barreiras. 13/4/1966, *Irwin, H.S.* et al. 14689.

Barreiras: Cerrado, 5Km S of the Rio Roda Velha, ca. 150 Km SW of Barreiras. 15/4/1966, *Irwin, H.S.* et al. 14905.

Borreria sp.

Bahia

Piatã: próximo a Serra do Gentio ("Gerais", entre Piatã e Serra da Tromba). 21/12/1984, *Pirani, J.R.* et al. *in* CFCR 7407.

Ceará

Mun.?: Riacho do Capim, Serra do Baturité. 9/1910, *Ule, E.* 9115.

Pernambuco

Petrolina: àrea de banco ativo de germoplasma de plantas forrageiras do CPATSA/EMBRAPA. 23/6/1983, *Coradin, L.* 5970.

Borreria (Scandentia) sp. nov.

Maraú: 5Km SE of Maraú at the junction with the new road North to Ponta do Mutá. 2/2/1977, *Harley, R.M.* et al. 18512.

Chiococca alba (L.)Hitchc.

Bahia

Jacobina: 2Km a W da cidade, na estrada para Feira de Santana. 3/4/1986, *Carvalho, A.M.* et al. 2381.

Campo Formoso: Água Preta - Estrada Alagoinhas-Minas do Mimoso, km 15. 26/6/1983, *Coradin, L.* et al. 6077.

Abaíra: Distrito de Catolés, Bem Querer, 16/5/1992, *Ganev, W.* 304.

Abaíra: Água Limpa. 10/1/1994, *Ganev, W.* 2749.

Abaíra: Mendonça de Daniel Abreu. 21/2/1994, *Ganev, W.* 2971.

Rio de Contas: Pico das Almas. 14/12/1984, *Giulietti, A.M.* et al. *in* CFCR 6936.

Morro do Chapéu: Estrada para Lagoa Nova. 6/3/1997, *Harley, R.M.* et al. *in* PCD 6093.

Rio de Contas: 12-14 Km N of town of Rio de Contas on the road to Mato Grosso. 17/1/1974, *Harley, R.M.* et al. 15177.

Santa Cruz Cabrália: 11 km S of Santa Cruz Cabrália. 17/3/1974, *Harley, R.M.* et al. 17087, 17116.

Belmonte: Ca. 4Km Sw of Belmonte, on road to Itapebi. 25/3/1974, *Harley, R.M.* et al. 17311.

Rio de Contas: Itacaré, near the mouth of the Rio de Contas. Coastal evergreen forest with disturbed margins, rocks by the sea, and semi-cultivated ground. 31/3/1974, *Harley, R.M.* et al. 17547.

Porto Seguro: Reserva Biológica de Pau Brasil (CEPLAC) 17Km W from Porto Seguro on road to Eunápolis. 20/1/1977, *Harley, R.M.* et al. 18113.

Barra do Choça: Ca. 12 Km Se of Barra do Choça on the road to Itapetinga. 30/3/1977, *Harley, R.M.* et al. 20166.

Mucugê: Serra do Sincorá, 6.5Km of Mucugê on the Cascavelroad. 27/3/1980, *Harley, R.M.* et al. 21037.

Maraú: Just S of Maraú. 15/5/1980, *Harley, R.M.* et al. 22126.

Morro do Chapéu: Ca. 16Km along the Morro do Chapéu to Utinga road, SW of Morro do Chapéu. 1/6/1980, *Harley, R.M.* et al. 22982.

Santa Teresinha: Serra da Jibóia. 24/9/1996, *Harley, R.M.* et al. 28405.

Piatã: Estrada Piatã-Abaíra, 4 km após Piatã. 7/1/1992, *Harley, R.M.* et al. *in* H 50692.

Mucuri: Arredores de Mucuri. 18/6/1985, *Hatschbach, G.* et al. 49459.

Prado: Arredores da sede do município ate a praia da amendoeira, a 8 Km da sede. 12/6/1995, *Melo, E.* et al. 1279, 1288.

Santa Cruz Cabrália: Estação Ecológica do Pau-Brasil e arredores, ca. de 16 km a W de Porto Seguro. 21/3/1978, *Mori, S.A.* et al. 9770, 9774.

Itacaré: Ca. de 1 km S de Itacaré, beira mar. 7/6/1978, *Mori, S.A.* et al. 10153.

Maraú: Fazenda Água Boa, Br-030, a 22Km a E de Ubaitaba. Ca. 100m de altitude. 25/8/1979, *Mori, S.A.* 12750.

Delfino: Serra do Currral Frio. Estrada Velha Delfino-Mimoso de Minas, 32 Km de Delfino. 9/3/1997, *Nic Lughadha, E.* et al. *in* PCD 6159.

Abaíra: Brejo do Engenho. 30/12/1991, *Nic Lughadha, E.* et al. *in* H 50554.

Abaíra: Campo de Ouro Fino (baixo) 6/2/1992, *Nic Lughadha, E.* et al. *in* H 51038.

Abaíra: Estrada entre Bem Querer e Riacho das Anáguas. 30/1/1992, *Pirani, J.R.* et al. *in* H 51349.

Abaíra: Base da encosta da Serra da Tromba. 2/2/1992, *Pirani, J.R.* et al. *in* H 51441.

Itacaré: Rodovia Ba-654, Km 6 ao Oeste de Itacaré. 12/4/1980, *Plowman, T.* et al. 10074.

Ilhéus: in sylvis. 4/1821, *Riedel* 62.

Mun.?: In collibus. *Salzmann* s.n.

Abaíra: Campo da Pedra Grande. 19/2/1992, *Stannard, B.* et al. *in* H 52123.

Ceará

Crato: 1840, *Gardner* 1941.

Crato: [Piaui, Goyaz] 1840, *Gardner* 1961.

Pernambuco

Brejo da Madre de Deus: Fazenda Buriti. 24/5/1995, *Andrade, I.M.* et al. 66.

Caruaru: Distrito de Murici, Brejo dos Cavalos. 16/5/1996, *Freire, E.* et al. 123.

Caruaru: Distrito de Murici, Brejo dos Cavalos. 6/10/1995, *Marconi, A.B.* et al. 76.

Caruaru: Brejo dos Cavalos, Fazenda Caruaru. 9/10/1994, *Mayo, S.* et al. 1027.

Caruaru: Murici, Brejo dos Cavalos, parque Ecológico Municipal. 22/7/1994, *Rodal, M.J.N.* et al. 227.

Caruaru: Brejo dos Cavalos, Fazenda Caruaru. 25/5/1995, *Souza, E.B.* 9.

Piauí

Gilbués: Rod. Correntes-Bom Jesus 2Km Leste da cidade de Gilbues. 18/6/1983, *Coradin, L.* et al. 5847.

unloc.

unloc. *Chamisso* s.n.

unloc. *Sellow* s.n.

unloc. *Sellow* 1027.

unloc. 15/11/1907, *Sellow* 5279.

Chiococca sp. nov.

Alagoas

Maceió: 16Km S de Maceió. 2/2/1982, *Kirkbride. J.H.* 4627.

Bahia

Salvador: Dunas de Itapuã, ca. 30 Km ao Norte da cidade. Arredores do aeroporto. 21/1/1987, *Harley, R.M.* et al. 24106.

Salvador: Dunas de Itapuã, Arredores da Lagoa do Abaeté. 19/10/1984, *Noblick, L.R.* et al. 3421.

Camaçari: Ba-099 (estrada do coco), entre Arembepe e Monte Gordo. 14/7/1983, *Pinto, G.C.P.* et al. 308.

Salvador: Coastal dunes 2 km North of town of Itapuã. 9/4/1980, *Plowman, T.* et al. 10052.

Salvador: Along road (Av. Otavio Mangabeira = BA-033) from Itapuã to Aeroporto Dois de Julho at traffic circle (intersection with Av. Luis Viana Filho). 27/1/1983, *Plowman, T.* 12782.

Salvador: Along road (Av. Otavio Mangabeira = BA-033) from Itapuã to Aeroporto Dois de Julho at traffic circle (intersection with Av. Luis Viana Filho). 24/2/1985, *Plowman, T.* et al. 13948.

Paraíba

Santa Rita: 20 Km do Centro de João Pessoa, Usina São João, Tibirizinho. 23/3/1992, *Agra, M.F.* et al. 1370.

Santa Rita: 7/4/1993, *Agra, M.F.* et al. 1860.

Chomelia anisomeris Muell.-Arg.

Bahia

unloc. *Blanchet* 2389, SYNTYPE, Chomelia anisomeris Muell.-Arg..

Mun.?: in collibus. *Salzmann* 424, SYNTYPE, Chomelia anisomeris Muell.-Arg..

Pernambuco

unloc. 10/1837, *Gardner* 1038.

Chomelia intercedens Muell.-Arg.

Bahia

Maraú: Rodovia Br-030, trecho Porto de Campinhos-Maraú, km 11. 26/2/1980, *Carvalho, A.M.* et al. 201.

Chomelia martiana Muell.-Arg.

Bahia

Ilhéus: 9/1892, *Riedel* 57.

Chomelia obtusa Cham. & Schltdl.

Bahia

Barra: Ibiraba, caminho para Coxos, lagoa dos Coxos. 25/2/1997, *Queiroz, L.P.* 4845.

Ceará

Crato: 9/1838, *Gardner* 1694.

Piauí

Corrente: Branquinha (casa). 9/3/1994, *Bona Nascimento, M.S.* 539.

Chomelia pubescens Cham. & Schltdl.

Bahia

Santa Cruz Cabrália: Arredores da Estação Ecológica do Pau Brasil (Ca. 17Km de Porto Seguro). 18/10/1978, *Mori, S.A.* et al. 10779.

Chomelia ribesioides Benth. ex A.Gray

Bahia

Palmeiras: Pai Inácio. 27/4/1995, *Costa, J.* et al. 1861.

Abaíra: Boa Vista, 4 km de Catolés. 12/9/1992, *Ganev, W.* 1407.

Abaíra: Serrinha. 18/11/1992, *Ganev, W.* 1503.

Abaíra: Marques, estrada velha da Furna. 6/11/1993, *Ganev, W.* 2436.

Abaíra: Caminho Marques-Boa Vista, estrada abandonada da furna. 27/4/1994, *Ganev, W.* 3156.

Palmeiras: Pai Inácio. 28/12/1994, *Guedes, M.L.* et al. 1430.

Gentio do Ouro: 1,5 Km S of São Inácio on Gentio do Ouro road. 24/2/1977, *Harley, R.M.* et al. 19014.

Rio de Contas: 9Km ao Norte da cidade na estrada para o povoado de Mato Grosso. 26/10/1988, *Harley, R.M.* et al. 25641.

Rio de Contas: Pico das Almas: vertente Leste. Entre Junco-Faz. Brumadinho, 10 km ao NO da cidade. 29/10/1988, *Harley, R.M.* et al. 25737.

Rio de Contas: 8km da cidade na estrada para Arapiranga (Furna). 1/11/1988, *Harley, R.M.* et al. 25827.

Rio de Contas: 8km da cidade na estrada para Arapiranga (Furna). 1/11/1988, *Harley, R.M.* et al. 25827.

Lençóis: BR 242, km 216, a 12 km ao N de Lençóis. 1/3/1980, *Mori, S.A.* 13330.

Rio de Contas: Ca. 7km da cidade em direção ao vilarejo de Bananal. 5/3/1994, *Roque, N.* et al. *in* CFCR 14905.

Abaíra: Boa Vista. 5/3/1992, *Stannard, B.* et al. *in* H 51771.

Chomelia sp. 1

Pernambuco

São Vicente Ferrer: Mata do Estado. 15/12/1999, *Ferraz, E.* et al. 786.

Coccocypselum anomalum K.Schum.

Bahia

Maraú: Rodovia Br 030, trecho Ubaitaba-Maraú, a 45 km de Ubaitaba. 25/2/1980, *Carvalho, A.M.* et al. 164.

Belmonte: Ca. 6km SW of Belmonte along road to Itapebi, and 4km along side road towards the sea. 25/3/1974, *Harley, R.M.* et al. 17422.

Santa Cruz Cabrália: 2-4 Km a W de Santa Cruz de Cabrália, pela estrada antiga. 21/10/1978, *Mori, S.A.* et al. 10927.

Maraú: Rod. Br 030, trecho Ubaitaba/Maraú, 45-50 km a leste de Ubaitaba. 12/6/1979, *Mori, S.A.* et al. 11969.

Coccocypselum aureum (Spreng.)Cham.&Schltdl.

Bahia

Abaíra: Serra dos Frios. 12/11/1993, *Ganev, W.* 2471.

Abaíra: Encosta da Serra do Rei. 19/3/1992, *Laessoe, T.* et al. *in* H 52573.

Abaíra: Campo de Ouro Fino (baixo). 28/1/1992, *Stannard, B.* et al. *in* H 50818.

Coccocypselum cordifolium Nees & Mart.

Bahia

Porto Seguro: Reserva Biológica do Pau Brasil, 17km W from Porto Seguro on the road to Eunápolis. 12/2/1974, *Harley, R.M.* et al. 16138.

Porto Seguro: Pau Brasil Biological Reserve, 17km west from Porto Seguro on road to Eunápolis. 19/3/1974, *Harley, R.M.* et al. 17167.

Monte Pascoal: Parque Nacional de Monte Pascoal. On NW slopes of Monte Pascoal. 12/1/1977, *Harley, R.M.* et al. 17855.

Comandatuba: 4km N of Comandatuba, SE of Una. 25/1/1977, *Harley, R.M.* et al. 18623.

Maraú: Ca. 5km SE of Maraú near junction with road to Campinho. 14/5/1980, *Harley, R.M.* et al. 22047.

Abaíra: Água Limpa. 21/12/1991, *Harley, R.M.* et al. *in* H 50224.

Mun.?: Entre Vitória (ES) e Bahia. 15/11/1907, *Sellow* 1134.

Pernambuco

São Vicente Ferrer: Mata do Estado. 17/3/2000, *Ferraz, E.* et al. 860.

Coccocypselum guianense (Aubl.) K.Schum. **var. guianense**

Bahia

Rio de Contas: Pico das Almas, vale ao Sul do campo do Queiroz. 12/1988, *Fothergill, J.M.* 66.

Rio de Contas: Pico das Almas. Vertente Leste. Campo do Queiroz. 3/11/1988, *Harley, R.M.* et al. 25881.

Rio de Contas: Pico das Almas. Vertente Leste. Estrada Faz. Brumadinho - Faz. Silvina. 13/12/1988, *Harley, R.M.* et al. 27154.

Rio de Contas: Pico das Almas. Vertente Leste. Abaixo da Faz. Silvina ao longo do riacho. 20/12/1988, *Harley, R.M.* et al. 27407.

Coccocypselum basslerianum Chod.

Bahia

Morro do Chapéu: 19,5km SE of the town of Morro do Chapéu on the BA-052 road to Mundo Novo, by the Rio Ferro Doido. 2/3/1977, *Harley, R.M.* et al. 19243.

Rio de Contas: Serra de Rio de Contas, between 2,5 and 5 km S of Vila do Rio de Contas on side road to W of the road to Livramento. 28/3/1977, *Harley, R.M.* et al. 20101.

Caetité: Serra Geral de Cactité, 9,5km of Cactité on road to Brejinhos das Ametistas. 13/4/1980, *Harley, R.M.* et al. 21341.

Maraú: Ca. 11km N from turning to Maraú along the road to Campinho. 18/5/1980, *Harley, R.M.* et al. 22221.

Barreiras: Wet campo, Rio Piau, ca. 150km SW of Barreiras. 13/4/1966, *Irwin, H.S.* et al. 14769.

Palmeiras: Km 232 da rodovia BR 242 para Ibotirama. Pai Inácio. 18/12/1981, *Lewis, G.P.* et al. 857.

Coccocypselum lanceolatum (Ruiz & Pav.) Pers.
Bahia
   Abaíra: Tijuquinho, Garimpo da Mata. 14/11/1992, *Ganev, W*. 1449.
   Rio de Contas: Serra de Rio de Contas, about 3km N of the town of Rio de Contas. 21/5/1974, *Harley, R.M.* et al. 15385.
   Senhor do Bonfim: Serra de Jacobina, west of Estiva, ca. 12 km N of Senhor do Bonfim on the BA-13 highway to Juazeiro. 1/3/1974, *Harley, R.M.* et al. 16594.
   Porto Seguro: Pau Brasil Biological Reserve, 17 km West from Porto Seguro on road to Eunápolis. 19/3/1974, *Harley, R.M.* et al. 17159.
   Una: 13Km N along road from Una to Ilhéus. 23/1/1977, *Harley, R.M.* et al. 18171.
   Correntina: Chapadão Ocidental da Bahia, about 9km SE of Correntina, with small stream bordered by gallery forest. 27/4/1980, *Harley, R.M.* et al. 21820.
   Palmeiras: Serra dos Lençóis, lower slopes of Morro do Pai Inácio, ca. 14.5km NW of Lençóis just N of the main Seabra-Itaberaba road. 26/5/1980, *Harley, R.M.* et al. 22636.
   Rio de Contas: Pico das Almas, vertente Leste. Junco 9-11km ao NO da cidade. 6/11/1988, *Harley, R.M.* et al. 25927.
   Abaíra: Subida da Forquilha da Serra. 23/12/1991, *Hind, D.J.N.* et al. *in* H 50277.
   Santa Cruz Cabrália: Estação Ecológica do Pau-Brasil e arredores, ca. de 16 km a W de Porto Seguro. 21/3/1978, *Mori, S.A.* et al. 9787.
   Maracás: Fazenda Juramento, a 6km ao S de Maracás, pela antiga rodovia para Jequié. 27/4/1978, *Mori, S.A.* et al. 10026.
   Abaíra: Bem Querer. 19/12/1991, *Nic Lughadha, E.* et al. *in* H 50205.
   Castro Alves: Serra da Jibóia (=Serra da Pioneira), ca. 10 Km do Povoado de Pedra Branca. 7/5/1993, *Queiroz, L.P.* et al. 3143.
   unloc. 15/11/1907, *Sellow* 156.
   Abaíra: Estrada Catolés-Abaíra, 7 km de Catolés, Mata do Criminoso. 26/2/1992, *Stannard, B.* et al. *in* H 51620.
Ceará
   Maranguape: Serra de Maranguape. 6/1/1992, *Felix, L.P.* et al. 4676.
   Mun.?: Serra de Araripe 0/1838, *Gardner* s.n.
Pernambuco
   Caruaru: Murici, Brejo dos Cavalos.. 5/9/1995, *Lira, S.S.* et al. 65.
   Caruaru: Murici, Brejo dos Cavalos, Parque Ecológico Municipal. 21/7/1994, *Rodal, M.J.N.* et al. 219.
   Bonito: Reserva Municipal de Bonito. 12/9/1995, *Rodrigues, E.* et al. 41.
   Caruaru: Murici, Brejo dos cavalos. Parque Ecológico Municipal. Solo arenoso. 14/7/1995, *Sales de Melo, M.R.C.* et al. 104.
   Bonito: Reserva Municipal de Bonito. 12/9/1995, *Sales de Melo, M.R.C.* et al. 238.
Coccocypselum pedunculare Cham. & Schltdl.
unloc.
   Mun.?: Serra de Santo Antonio 0, *Sellow in* prob. 1740, ISOTYPE, Coccocypselum pedunculare Cham. & Schltdl..

Coussarea bahiensis Muell.-Arg.
Bahia
   unloc. *Blanchet* 2333, ISOTYPE, Coussarea bahiensis Muell.-Arg..
   Buerarema: Estrada que liga Buerarema-Pontal de Ilhéus. 25/7/1980, *Carvalho, A.M.* et al. 284.
   Mascote: Fazenda N.S. D'Ajuda, com sede a 500m da cidade. 24/10/1988, *Mattos Silva, L.A.* et al. 2584.
Pernambuco
   Pesqueira: Serra do Ororobá, Faz. São Francisco. 24/8/1995, *Correia, M.* 308.
Coussarea cornifolia (Benth.) Benth. & Hook.f.
Ceará
   Crato: Near Crato. 9/1839, *Gardner* 1695, SYNTYPE, Faramea cornifolia Benth..
   Crato: Near Crato. 9/1839, *Gardner* 1695, SYNTYPE, Faramea cornifolia Benth..
   unloc. 1841, *Gardner* 1965.
Coussarea gracilliflora Muell.-Arg.
Bahia
   Uruçuca: Nova estrada que liga Uruçuca a Serra Grande, a 45 Km de Uruçuca. 15/4/1978, *Mori, S.A.* et al. 3307.
   Santa Cruz Cabrália: Antiga rodovia que liga a Estação Ecológica de Pau Brasil a Santa Cruz Cabrália, 5-7Km ao NE da Estacao. 5/7/1979, *Mori, S.A.* et al. 12102.
Coussarea ilheotica Muell.-Arg.
Bahia
   unloc. 9/1892, *Martius*, ISOTYPE, Faramea albescens Martius.
   Ilhéus: *Martius* 609, ISOTYPE, Faramea albescens Martius.
   Uruçuca: Nova estrada que liga Uruçuca a Serra Grande, a 28-30Km de Uruçuca. 1/5/1979, *Mori, S.A.* 11754.
   Uruçuca: Estrada que liga Uruçuca a Serra Grande, a 28-30Km ao NE de Uruçuca. 26/6/1979, *Mori, S.A.* 12039.
   Ilhéus: Estrada entre Sururu e Vila Brasil, a 6-15Km de Sururu, a 12-20Km ao SE de Buerarema. 10/11/1979, *Mori, S.A.* et al. 12994.
Coussarea racemosa A.Rich.
Bahia
   Itamaraju: Faz. Pau Brasil. Entrada no km 5 da Rod. Itamaraju/Eunápolis. 3/11/1983, *Carvalho, A.M.* et al. 2043.
Coutarea alba Griseb.
Bahia
   Esplanada: 25/3/1995, *França, F.* et al. 1158.
   Itatim: Morro das tocas, 91 Km de Feira de Santana na BR 116. 14/4/1995, *Melo, E.* et al. 1174.
Pernambuco
   Inajá: Reserva Biológica de Serra Negra. 16/9/1995, *Tscha, M.C.* et al. 256.
Coutarea hexandra (Jacq.) K.Schum.
Bahia
   unloc. *Blanchet* 2838.
   unloc. *Blanchet* 2838.
   Itambé: 40km da estrada de Itambé para Encruzilhada. 9/1/1986, *Carvalho, A.M.* et al. 2119.
   Abaíra: Estrada Catolés-Abaíra, Lambedor. 26/12/1992, *Ganev, W.* 1744.

unloc. *Gardner* 450.

Rio de Contas: On road to Abaíra ca. 8km to N of the town of Rio de Contas. 18/1/1972, *Harley, R.M.* et al. 15247.

Bom Jesus da Lapa: Basin of the Upper São Francisco River, Fazenda Imbuzeiro da Onca, ca. 8km form Bom Jesus da Lapa, on by-broad to Caldeirao. 19/4/1980, *Harley, R.M.* et al. 21542.

Maraú: Coastal Zone, Just S of Maraú. 15/5/1980, *Harley, R.M.* et al. 22121.

Mucugê: Estrada de Ibiquara a Mucugê. 22/2/1943, *Lemos Froes, R.* 20106.

Rio de Contas: Fazenda Fiuza. 4/2/1997, *Passos, L.* et al. *in* PCD 5033.

Abaíra: Base da encosta da Serra da Tromba. 2/2/1992, *Pirani, J.R.* et al. *in* H 51445.

Rio de Contas: Fazenda Fiuza. 4/2/1997, *Saar, E.* et al. *in* PCD 5026.

Abaíra: Estrada Catolés-Barra, 3-5 km de Catolés. 27/2/1992, *Stannard, B.* et al. *in* H 51626.

Pernambuco

Brejo da Madre de Deus: Fazenda Bituri. 16/3/1996, *Inacio, E.* et al. 207; *Lucena, M.F.A.* et al. 133.

Inajá: Reserva Biológica de Serra Negra. 16/9/1995, *Silva, E.I.* et al. 106; 8/2/1996, *Tscha, M.C.* et al. 529.

Declieuxia aspalathoides Muell.-Arg.

Bahia

Palmeiras: Pai Inácio. 25/10/1994, *Carvalho, A.M.* et al. *in* PCD 989.

Abaíra: Estrada Piatã-Abaíra. 16/4/1994, *França, F.* et al. 961.

Abaíra: Estrada Catolés-Inúbia, Serra da Barra na direção Oeste do local chamado salao. 28/7/1992, *Ganev, W.* 774.

Abaíra: Samambaia, Salão, Estrada Catolés-Barra de Catolés. 19/10/1992, *Ganev, W.* 1281.

Rio do Pires: Garimpo das Almas (Cristal). 25/7/1993, *Ganev, W.* 1957.

Abaíra: Cabaceira, Riacho Fundo, atrás da Serra do Bicota. 25/10/1993, *Ganev, W.* 2340.

Abaíra: Serra dos Frios. 12/11/1993, *Ganev, W.* 2472.

Abaíra: Subida para Serra do Barbado pela casa de Ze da Mata. 22/11/1993, *Ganev, W.* 2533.

Abaíra: Serra do Sumbaré-Guarda Mor. 20/1/1994, *Ganev, W.* 2830.

Abaíra: Salão, Campos Gerais do Salao. 2/5/1994, *Ganev, W.* 3204.

Abaíra: Riacho do Piçarrão 8/5/1994, *Ganev, W.* 3231.

Abaíra: Baixo da Onça. 30/5/1994, *Ganev, W.* 3263.

Abaíra: Boa Vista, above Capão do Mel. 11/6/1994, *Ganev, W.* 3343.

Abaíra: Gerais do Pastinho. 14/6/1994, *Ganev, W.* 3373.

Ituaçu: Estrada Ituaçu-Barra da Estiva, a 13 Km de Ituaçu, próximo do Rio Lajedo. 18/7/1981, *Giulietti, A.M.* et al. *in* CFCR 1242.

Barra da Estiva: Estrada Barra da estiva-Capão da Volta, a 7 Km de Barra da Estiva. 19/7/1981, *Giulietti, A.M.* et al. *in* CFCR 1352.

Rio de Contas: Estrada para Livramento. Em direçãoao Rio Brumado. 13/12/1984, *Harley, R.M.* et al. *in* CFCR 6821.

Rio de Contas: Ca. 6Km N of the town of the Rio de Contas on road to Abaíra. 16/1/1974, *Harley, R.M.* et al. 15126.

Rio de Contas: Middle slopes of Pico das Almas, ca. 25 km WNW of town of Rio de Contas 23/1/1974, *Harley, R.M.* et al. 15441.

Mucugê: 4Km S of Mucugê, on road from Cascavel by the Rio Cumbuca. 6/2/1974, *Harley, R.M.* et al. 16042.

Jacobina: Serra de Jacobina, W of Estiva, ca. 12Km N of Senhor do Bonfim on the BA 130 to Juazeiro. 27/2/1974, *Harley, R.M.* et al. 16531.

Jacobina: Serra de Jacobina, W de Estiva, ca. 12Km N of Senhor do Bonfim on the BA-130 to Juazeiro. Upper W facind slopes of to the summit with television maast. 28/2/1974, *Harley, R.M.* et al. 16542.

Andaraí: 22Km S of Andaraí on road to Mucugê. 16/2/1977, *Harley, R.M.* et al. 18737.

Morro do Chapéu: Summit of Morro do Chapéu, ca. 8 Km SW of the town of Morro do Chapéu to the west of the road to Utinga. 3/3/1977, *Harley, R.M.* et al. 19362.

Rio de Contas: Ca. 1Km sout of small town of Mato Grosso on the road to Vila do Rio de Contas. 24/3/1977, *Harley, R.M.* et al. 19979.

Mucugê: Mucugê about 2Km along Andaraí road. 25/1/1960, *Harley, R.M.* et al. 20635.

Barra da Estiva: Serra do Sincorá, 15-19Km W of barra da Estiva on the road to Jussiape. 22/3/1980, *Harley, R.M.* et al. 20776.

Barra da Estiva: Serra do Sincorá, NW face of Serra de Ouro, to the East of the Barra da Estiva - Ituaçu road, about 9 Km S of Barra da Estiva. 24/3/1980, *Harley, R.M.* et al. 20864.

Lençóis: Serra dos Lençóis. Serra da Larguinha, ca. 2Km NE of Caeté-Acu (Capão Grande). 25/5/1980, *Harley, R.M.* et al. 22570.

Lençóis: Serra dos Lençóis, about 7-10 Km along the main Seabra-Itaberaba road, W of the Lençóis turning, by the Rio Mucugêzinho. 27/5/1980, *Harley, R.M.* et al. 22721.

Morro do Chapéu: Summit of Morro do Chapéu, ca. 8 Km SW of the town of Morro do Chapéu to the west of the road to Utinga. 30/5/1980, *Harley, R.M.* et al. 22751.

Morro do Chapéu: Ca. 16Km along the Morro do Chapéu to Utinga road, SW of Morro do Chapéu. 1/6/1980, *Harley, R.M.* et al. 22950.

Rio de Contas: Pico das Almas. 20/2/1987, *Harley, R.M.* et al. 24458.

Rio de Contas: 2-9km da cidade na estrada a Arapiranga (Furna) para o aeroporto. 11/11/1988, *Harley, R.M.* et al. 26118.

Rio de Contas: Pico das Almas.Vertente Leste. Subida do pico do Campo do Queiroz. 16/11/1988, *Harley, R.M.* et al. 26178.

Rio de Contas: Pico das Almas. Vertente Leste. Margem leste do Campo do Queiroz 19/11/1988, *Harley, R.M.* et al. 26210.

Rio de Contas: Pico das Almas. Vertente Leste. Subida do pico do Campo do Queiroz. 12/11/1988, *Harley, R.M.* et al. 26438.

Rio de Contas: Pico das Almas. Vertente Leste. Montanha a sudeste do Campo do Queiroz. 29/11/1988, *Harley, R.M.* et al. 26659.

Agua Quente: Pico das Almas.Vertente Oeste.Entre Paramirim das Crioulas e a face NNW do pico 16/12/1988, *Harley, R.M.* et al. 27504.

Abaíra: Estrada nova Abaíra-Catolés. 19/12/1991, *Harley, R.M.* et al. *in* H 50132.

Abaíra: Salão, 9 km de Catolés na estrada para Inúbia. 28/12/1991, *Harley, R.M.* et al. *in* H 50534.

Rio de Contas: Subida para Campo da Aviação. 6/4/1992, *Hatschbach, G.* et al. 56738.

Piatã: Estrada Piatã/Abaíra, entrada a direita, apos a entrada para Catolés. 8/11/1996, *Hind, D.J.N.* et al. *in* PCD 4146.

Seabra: Ca.24Km N of Seabra, road to Água de Rega. 24/2/1971, *Irwin, H.S.* et al. 30953.

Lençóis: Serra Larga (=Serra Larguinha) a Oeste de Lençóis, perto de Caeté-Acu. 19/12/1984, *Lewis, G.P.* et al. *in* CFCR 7223.

Lençóis: Serra da Chapadinha. 24/11/1994, *Melo, E.* et al. *in* PCD 1379.

Palmeiras: Pai Inácio. 28/2/1997, *Nic Lughadha, E.* et al. *in* PCD 5902.

Lençóis: Serra da Chapadinha. 29/7/1994, *Pereira, A.* et al. *in* PCD 262.

Palmeiras: Pai Inácio. Topo do Morro do Pai Inácio, próximo ao cruzeiro. 24/4/1995, *Pereira, A.* et al. *in* PCD 1745.

Rio de Contas: a 1 Km da cidade na estrada para Marcelino Moura. 9/9/1981, *Pirani, J.R.* et al. *in* CFCR 2175.

Lençóis: Serra da Chapadinha. 31/8/1994, *Poveda, A.* et al. *in* PCD 681.

Piatã: Close to turning off to Catolés, on the Piatã/Abaíra road. 31/10/1996, *Queiroz, L.P.* et al. *in* PCD 3844.

Morro do Chapéu: Morrão, em torno da estaçãore-transmissora da Telebahia, ca. 6 Km W da BA-046 (Morro do Chapéu-Utinga), entrando a ca. 1,5 Km do entroncamento para Morro do Chapéu com a BA-052 (estrada do feijão). 19/6/1994, *Queiroz, L.P.* et al. 4032.

Rio de Contas: Ca. 2Km da cidade, em direçãoa Marcolino Moura. 4/3/1994, *Sano, P.T.* et al. *in* CFCR 14874.

Abaíra: Riacho da Taquara. 29/1/1992, *Stannard, B.* et al. *in* H 51097.

Abaíra: Campo de Ouro Fino. 1/2/1992, *Stannard, B.* et al. *in* H 51124.

Abaíra: Garimpo do Bicota. 2/3/1992, *Stannard, B.* et al. *in* H 51696.

Abaíra: Perto do Garimpo do Salão, estrada Piatã-Abaíra, 10 km de Piatã. 9/3/1992, *Stannard, B.* et al. *in* H 51819.

Palmeiras: Pai Inácio. 29/8/1994, *Straedmann, M.T.S.* et al. *in* PCD 441.

Mun.?: Serra do Sincorá 11/1906, *Ule, E.* 7357.

unloc.

unloc. *Blanchet* 3378.

Declieuxia cacuminis Muell.-Arg. **var. decurrens** Kirkbr.

Bahia

Caetité: Serra Geral de Caetité, ca. 1,5 km S of Brejinhos das Ametistas. 11/4/1980, *Harley, R.M.* et al. 21216.

Ibiquara: 25 km ao N de Barra da estiva, na estrada nova para Mucugê. 20/11/1988, *Harley, R.M.* et al. 26965.

Declieuxia cacuminis Muell.-Arg. **var. glabra** Kirkbr.

Bahia

Abaíra: Catolés de Cima, Serra do Rei, subida pelo Tijuquinho. 16/9/1992, *Ganev, W.* 1458.

Rio de Contas: Middle & upper slopes of Pico das Almas ca.25km WNW of Vila do Rio de Contas. 19/3/1977, *Harley, R.M.* et al. 19691, ISOTYPE, Declieuxia cacuminis Muell.-Arg..

Rio de Contas: Pico das Almas 20/2/1987, *Harley, R.M.* et al. 24457.

Rio de Contas: Pico das Almas.Vertente Leste. Subida do pico do Campo do Queiroz. 16/11/1988, *Harley, R.M.* et al. 26174.

Declieuxia fruticosa (R. & S.)O.Kuntze

Bahia

Mun.?: Espigão Mestre. Ca. 100Km WSW of Barreiras. 6/3/1972, *Anderson, W.R.* et al. 36674.

Mucugê: Caminho para Guiné. 15/2/1997, *Atkins, S.* et al. *in* PCD 5683.

Rio de Contas: Ca. 7km da cidade em direção ao vilarejo de Bananal. 5/3/1994, *Atkins, S.* et al. *in* CFCR 14886.

Mucugê: Estrada Igatu-Mucugê, a 3km de Igatu. 14/7/1996, *Bautista, H.P.* et al. 3603.

Mucugê: Estrada Igatu-Mucugê, a 3Km de Igatu. 14/7/1996, *Bautista, H.P.* et al. *in* PCD 3603.

Piatã: Estrada Piatã-Ribeirão. 1/11/1996, *Bautista, H.P.* et al. *in* PCD 3870.

Rio de Contas: Fazendola. 16/11/1996, *Bautista, H.P.* et al. *in* PCD 4322.

Jacobina: Serra de Jacobina. 1837, *Blanchet* 2571.

Mun.?: Serra do Acurua, Rio São Francisco. 1838, *Blanchet* 2809.

Jacobina: Serra de Jacobina, *Blanchet* 3751.

Barra da Estiva: Estrada Barra da Estiva-Mucugê Km 7. 4/7/1983, *Coradin, L.* et al. 6400.

Palmeiras: Pai Inácio. Cercado, campos gerais indo para a Fazenda Santa Helena. 27/4/1995, *Costa, J.* et al. *in* PCD 1850.

Morro do Chapéu: 8/9/1989, *Felix, L.P.* 2362.

Abaíra: Estrada para Catolés de Cima. 17/4/1994, *França, F.* et al. 1022.

Rio de Contas: Estrada para a Cachoeira do Fraga, no Rio Brumado, a 3 km do Município de Rio de Contas. 22/7/1981, *Furlan, A.* et al. *in* CFCR 1698.

Lençóis: Beira da estrada Br 242, entre o ramal a Lençóis e Pai Inácio. 19/12/1984, *Furlan, A.* et al. *in* CFCR 7130.

Abaíra: Distrito de Catolés. Boa Vista. 5/5/1992, *Ganev, W.* 240.

Rio do Pires: Garimpo das Almas (Cristal). 25/7/1993, *Ganev, W.* 1955.

Abaíra: Capa da Mata de Zé do Amabica (Marques). Caminho Outeiro-Marques. 5/8/1993, *Ganev, W.* 2010.

Rio de Contas: Caminho Boa Vista-Mutuca Corisco, próximo ao Bicota. 2/9/1993, *Ganev, W.* 2185.

Rio de Contas: Riacho da Pedra de Amolar.
24/1/1994, *Ganev, W.* 2865.

Abaíra: Boa Vista, acima do Capão do Mel.
11/6/1994, *Ganev, W.* 3349.

Barra da Estiva: Capao da volta, a 7 km de Barra da
Estiva. 19/1/1981, *Giulietti, A.M.* et al. *in* CFCR
1358.

Palmeiras: Pai Inácio. Cercado. 28/12/1994, *Guedes,
M.L.* et al. *in* PCD 1461.

Palmeiras: Pai Inácio. Encosta do Morro do Pai
Inácio. 30/12/1994, *Guedes, M.L.* et al. *in* PCD
1513.

Palmeiras: Pai Inácio. Caminho para o cercado.
29/6/1995, *Guedes, M.L.* et al. *in* PCD 2025.

Rio de Contas: Serra do Mato Grosso. 3/2/1997,
Guedes, M.L. et al. *in* PCD 4973.

Rio de Contas: Pe da Serra Marsalina. 18/11/1996,
Harley, R.M. et al. *in* PCD 4451.

Piatã: Campo rupestre, próximo a Serra do Gentio
("gerais" entre Piatã e Serra da Tromba).
21/12/1984, *Harley, R.M.* et al. *in* CFCR 7440.

Rio de Contas: 12-14 km N of town of Rio de Contas
on the road to Mato Grosso. 17/3/1974, *Harley,
R.M.* et al. 15170, 15193.

Rio de Contas: Near Junco, 15km WNW of town of
Rio de Contas 22/1/1974, *Harley, R.M.* et al.
15601.

Lagoinha: 16Km N West of Lagoinha (5,5Km SW of
Delfino) on side road to Minas do Mimoso.
4/3/1974, *Harley, R.M.* et al. 16700, 16781.

Andaraí: 15-20Km from Andaraí, along the road to
Itaetê which branches East off the road to Mucugê.
13/2/1977, *Harley, R.M.* et al. 18636.

Mucugê: Ca. 5,6 Km North of Mucugê on road to
Andaraí. 18/2/1977, *Harley, R.M.* et al. 18853.

Rio de Contas: 14km from Vila do Rio de Contas ca.
WNW along road to Pico das Almas 16/3/1977,
Harley, R.M. et al. 19494.

Rio de Contas: Lower NE slopes of Pico das Almas
ca. 25km WNW of Vila do Rio de Contas
17/3/1977, *Harley, R.M.* et al. 19509; 19540.

Rio de Contas: Middle NE slopes of Pico das Almas
ca.25km WNW of Vila do Rio de Contas.
18/3/1977, *Harley, R.M.* et al. 19606.

Rio de Contas: 18km WNW along road from Vila do
Rio de Contas to the Pico das Almas 21/3/1977,
Harley, R.M. et al. 19801.

Rio de Contas: About 2Km N of the town of Villa do
Rio de Contas in flood plain of the Rio Brumado
with riverine and chiefly herbaceus weedy vegetation. 22/3/1977, *Harley, R.M.* et al. 19836.

Rio de Contas: Ca. 3Km south of small town of Mato
Grosso on the road to Vila do Rio de Contas.
24/3/1977, *Harley, R.M.* et al. 19942.

Barra da Estiva: Serra do Sincorá, 15-19Km W of
Barra da Estiva, on the road to Jussiape. 22/3/1980,
Harley, R.M. et al. 20761.

Barra da Estiva: Serra do Sincorá, 3-13 Km W of
Barra da Estiva on the road to Jussiape. 23/3/1980,
Harley, R.M. et al. 20844.

Correntina: Ca. 15Km SW of Correntina on the road
to Goiás. 25/4/1980, *Harley, R.M.* et al. 21745,
21769.

Rio de Contas: Pico das Almas 20/2/1987, *Harley,
R.M.* et al. 24432.

Rio de Contas: Povoado de Mato Grosso, arredores.
24/10/1988, *Harley, R.M.* et al. 25378.

Rio de Contas: Pico das Almas. Vertente Leste. Ao sul
do Campo do Queiroz. 14/12/1988, *Harley, R.M.*
et al. 25571.

Rio de Contas: Pico das Almas. Vertente Leste. 11-
14km da cidade, entre Faz. Brumadinho-Junco
17/12/1988, *Harley, R.M.* et al. 25593.

Rio de Contas: Pico das Almas:vertente Leste. Entre
Junco- Faz. Brumadinho, 10 km NO da cidade
29/10/1988, *Harley, R.M.* et al. 25751.

Rio de Contas: 4km ao N da cidade na estrada para o
povoado de Mato Grosso. 8/11/1988, *Harley, R.M.*
et al. 26014.

Rio de Contas: 19-22km ao N da cidade na estrada
para o povoado de Mato Grosso. 9/11/1988,
Harley, R.M. et al. 26077.

Rio de Contas: Pico das Almas.Vertente Leste. Subida
do pico do Campo do Queiroz. 16/11/1988,
Harley, R.M. et al. 26169.

Rio de Contas: Pico das Almas. Vertente Leste.
Campo e mata ao NW do Campo do Queiroz
26/11/1988, *Harley, R.M.* et al. 26622.

Barra da Estiva: Morro do Ouro. 9km ao S da cidade
na estrada para Ituaçu. 19/11/1988, *Harley, R.M.* et
al. 26924, 26935.

Água Quente: Pico das Almas.Vertente Oeste.Entre
Paramirim das Crioulas e a face NNW do pico
16/12/1988, *Harley, R.M.* et al. 27513; 17/12/1988,
Harley, R.M. et al. 27598.

Abaíra: Catolés. 20/12/1991, *Harley, R.M.* et al. *in* H
50152.

Rio de Contas: Km 8-10 da rodovia para Mato
Grosso. 7/4/1992, *Hatschbach, G.* et al. 56759.

Piatã: Estrada Piatã/Abaíra, entrada à direita, após a
entrada para Catolés. 8/11/1996, *Hind, D.J.N.* et al.
in PCD 4131.

Abaíra: Campo de Ouro Fino (baixo). 9/1/1992,
Hind, D.J.N. et al. *in* H 50041.

Abaíra: Gerais do Pastinho. 31/1/1992, *Hind, D.J.N.*
et al. *in* H 51413.

Seabra: Ca. 24Km N of Seabra, road to Água de
Rega. 24/2/1971, *Irwin, H.S.* et al. 30956.

Morro do Chapéu: ca. 5Km S of Town of Morro do
Chapéu, near base of Morro do Chapéu.
19/2/1971, *Irwin, H.S.* et al. 32563.

Mucugê: Serra de São Pedro. 17/12/1984, *Lewis, G.P.*
et al. *in* CFCR 7052.

Piatã: próximo a Serra do Gentio ("Gerais", entre
Piatã e Serra da Tromba). 21/12/1984, *Lewis, G.P.*
et al. *in* CFCR 7382.

Piatã: próximo a Serra do Gentio ("Gerais", entre
Serra da Tromba e Piatã). 21/12/1984, *Mello-Silva,
R.* et al. *in* CFCR 7383.

Piatã: Campo rupestre, próximo a Serra do Gentio
("gerais" entre Piatã e Serra da Tromba).
21/12/1984, *Pirani, J.R.* et al. *in* CFCR 7372.

Abaíra: Base da encosta da Serra da Tromba.
2/2/1992, *Pirani, J.R.* et al. *in* H 51474.

Rio de Contas: Ca. 2Km da cidade, em direção a
Marcolino Moura. 4/3/1994, *Sano, P.T.* et al. *in*
CFCR 14866.

Rio de Contas: Serra do Marcelino. 2/2/1997, *Stannard, B.* et al. *in* PCD 4919.

Rio de Contas: Pico das Almas. 14/12/1984, *Stannard, B.* et al. *in* CFCR 6887.

Abaíra: Catolés de Cima. 4/3/1992, *Stannard, B.* et al. *in* H 51750.

Mun.?: Campo der Serra do Sincorá. 11/1906, *Ule, E.* 7355.

Ceará

Mun.?: Auf den Plateu der Serra do Araripe. 12/11/1976, *Bogner* 1188.

Mun.?: Serra do Araripe. 10/1838, *Gardner* 1701, 1702.

Pernambuco

Buíque: Estrada Buíque-Catimbau. 6/5/1995, *Figueiredo, L.S.* et al. 47.

unloc.

unloc. *Sellow* s.n.

unloc. 15/11/1907, *Sellow* 1020.

unloc. *Sellow* 2020.

Declieuxia marioides Mart. ex Zucc. ex Schult. & Schult.

Bahia

Barra da Estiva: Ca. 14Km N of Barra da Estiva, near the Ibicoara road. 2/2/1974, *Harley, R.M.* et al. 15832.

Barra da Estiva: Ao pé da Serra do Sincorá, 28km NE da cidade,perto do povoado Sincorá da Serra 18/11/1988, *Harley, R.M.* et al. 26911.

Mun.?: Serra do Sincorá. 11/1906, *Ule, E.* 7354, ISOTYPE, Arcythophyllum ulei Krause.

Declieuxia oenanthoides Mart. & Zucc. ex Schult. & Schult.

Bahia

Campinas: Ca. 10Km S of Rio Piau, ca. 150 km Sw of Barreiras. 13/4/1966, *Irwin, H.S.* et al. 14725.

Declieuxia passerina Mart. & Zucc. ex Schult. & Schult.

Bahia

Montugaba: Ca. 8Km da cidade em direçãoa Jacarau. 16/3/1994, *Souza, V.C.* et al. 5536.

Declieuxia saturejoides Mart. & Zucc. ex Schult. & Schult.

Bahia

Mun.?: Serra do Acurua, Rio São Francisco. 1838, *Blanchet* 2847.

Abaíra: Catolés de Cima, Serra do Rei, subida pelo Tijuquinho. 16/11/1992, *Ganev, W.* 1456.

Abaíra: Pico do Barbado. 28/9/1993, *Ganev, W.* 2279.

Abaíra: Descida para Tijuquinho. 6/1/1992, *Harley, R.M.* et al. *in* H 50651.

Abaíra: Campo do Cigano. 5/2/1992, *Nic Lughadha, E.* et al. *in* H 51033.

Abaíra: Bem Querer. 5/3/1992, *Sano, P.T.* et al. *in* H 50878.

Abaíra: Campo de Ouro Fino. 1/2/1992, *Stannard, B.* et al. *in* H 51125.

Declieuxia tenuiflora (R.& S.) Steyerm. & Kirkbr.

Bahia

Andaraí: 8 km S of Andaraí on road to Mucugê by bridge over small river, just North of turning to Itaetê. 13/2/1977, *Harley, R.M.* et al. 18596.

Bom Jesus da Lapa: Basin of the upper São Francisco river. Morrão, at about 32 km from Bom Jesus da Lapa, NE beyond Calderão. 17/4/1980, *Harley, R.M.* et al. 21470.

Maraú: Coastal Zone, ca. 11 km N from turning to Maraú along the road to Campinho. 17/5/1980, *Harley, R.M.* et al. 22197.

unloc.

unloc. *Sellow* s.n.

unloc. *Sellow* 1021.

Diacrodon compressus Sprague

Bahia

Bom Jesus da Lapa: Basin of the Upper São Francisco River. 4 Km N of Bom Jesus da Lapa, on the main road to Ibotirama. 20/4/1980, *Harley, R.M.* et al. 21585.

Ceará

Fortaleza: Coast line - 20 miles inland, on the plantio. *Bolland, B.G.C.* SYNTYPE, Diacrodon compressus Sprague.

unloc. 1/1926, *Bolland, B.G.C.* SYNTYPE, Diacrodon compressus Sprague.

Diodia alata Nees & Mart.

unloc.

Mun.?: Almada. 2/1821, *Riedel* 600.

Diodia apiculata (R. & S.) K.Schum.

Bahia

unloc. s. coll. s.n.

Mun.?: locis culis. s. coll. ISOTYPE, Diodia setigera DC..

Glória: Povoado do Brejo do Burgo. 1/7/1995, *Bandeira, F.P.* 177, 185.

Jacobina: Serra de Jacobina. 1837, *Blanchet* 2565.

Jacobina: Serra de Jacobina, *Blanchet* 2565.

Morro do Chapéu: Rodovia Lage do Batata-Morro do Chapéu, Km 66. 28/6/1983, *Coradin, L.* et al. 6217.

Morro do Chapéu: Rodovia Morro do Chapéu-Irecê (BA-052) Km 21. 29/6/1983, *Coradin, L.* et al. 6254.

Barra da Estiva: Estrada Barra da Estiva-Mucugê, Km 7. 4/7/1983, *Coradin, L.* et al. 6392.

Palmeiras: Pai Inácio. 27/4/1995, *Costa, J.* et al. *in* PCD 1849.

Itaberaba: Fazenda Santa Fé. 5/1994, *Dutra, E.de A.* 9.

Jacobina: 8/9/1989, *Felix, L.P.* 2332.

Mucugê: Estrada Mucugê-Guiné, a 5Km ded Mucugê. 7/9/1981, *Furlan, A.* et al. *in* CFCR 1970.

Mucugê: Estrada Mucugê-Guiné, a 28 Km de Mucugê. 7/9/1981, *Furlan, A.* et al. *in* CFCR 2052.

Abaíra: Salão, Campos Gerais do Salão. 2/5/1994, *Ganev, W.* 3191.

unloc. 1842, *Glocker* 40.

Palmeiras: Pai Inácio. 29/8/1994, *Guedes, M.L.* et al. *in* PCD 471.

Caetité: Caminho para Licínio de Almeida. 10/2/1997, *Guedes, M.L.* et al. *in* PCD 5328.

Mucugê: Caminho para Abaíra. 13/2/1997, *Guedes, M.L.* et al. *in* PCD 5525.

Senhor do Bonfim: Serra de Santana. 26/12/1984, *Harley, R.M.* et al. *in* CFCR 7636.

Palmeiras: Estrada entre Palmeiras e Mucugê, ca. 1Km N de Guiné de Baixo. 19/2/1994, *Harley, R.M.* et al. *in* CFCR 14244.

Barra da Estiva: Ca. 6 Km N of Barra da Estiva on Ibicoara road. 28/1/1974, *Harley, R.M.* et al. 15553.

Lagoinha: 16Km N West of Lagoinha (5,5Km SW of Delfino) on side road to Minas do Mimoso. 9/3/1974, *Harley, R.M.* et al. 17024.

Maraú: 5Km SE of Maraú at the junction with the new road North to Ponta do Mutá. 2/2/1977, *Harley, R.M.* et al. 18494.

Morro do Chapéu: 19Km Se of the town of Morro do Chapéu on the BA052 road to Mundo Novo, by the Rio Ferro Doido. 4/3/1977, *Harley, R.M.* et al. 19369.

Rio de Contas: Between 2,5 and 5 km S of Vila do Rio de Contas on side to W of the road to Livramento, leading to the Rio Brumado. 28/3/1977, *Harley, R.M.* et al. 20155.

Barra da Estiva: Serra do Sincorá, 15-19 Km W of Barra da estiva, on the road to Jussiape. 22/3/1980, *Harley, R.M.* et al. 20750.

Correntina: Chapadão Ocidental da Bahia, ca. 15Km SW of Correntina on the road to Goiás. 25/4/1980, *Harley, R.M.* et al. 21747.

Morro do Chapéu: Summit of Morro do Chapéu, ca. 8 Km SW of the town of Morro do Chapéu to the west of the road to Utinga. 30/5/1980, *Harley, R.M.* et al. 22823.

Morro do Chapéu: Ca. 16Km along the Morro do Chapéu to Utinga road, SW of Morro do Chapéu. 1/6/1980, *Harley, R.M.* et al. 22952.

Piatã: Ca. 16 Km de Piatã. 15/2/1987, *Harley, R.M.* et al. 24268.

Rio de Contas: 5km da cidade na estrada para Livramento do Brumado. 25/10/1988, *Harley, R.M.* et al. 25395.

Rio de Contas: 17km ao N da cidade na estrada para o povoado de Mato Grosso. Perto do rio 9/11/1988, *Harley, R.M.* et al. 26067.

Agua Quente: Pico das Almas.Vertente Oeste.Entre Paramirim das Crioulas e a face NNW do pico. 17/12/1988, *Harley, R.M.* et al. 27566.

Itacaré: Ca. de 1Km S de Itacaré, beira mar. 7/6/1978, *Mori, S.A.* et al. 10172.

Abaíra: Ladeira rochosa entre Ouro Fino e Pedra Grande. 1/2/1992, *Nic Lughadha, E.* et al. *in* H 51027.

Abaíra: Campo de Ouro Fino (baixo). 6/2/1992, *Nic Lughadha, E.* et al. *in* H 51046.

Mucugê: Estrada Andaraí-Mucugê, 4-5Km de Andaraí. 8/9/1981, *Pirani, J.R.* et al. *in* CFCR 2086.

Ilhéus: *Riedel* 216.

Abaíra: Catolés de Cima. 4/3/1992, *Stannard, B.* et al. *in* H 51745.

Ceará

Morada Nova: Estrada de Morada Nova para Jaguaretama. 5/6/1984, *Collares, J.E.R.* et al. 175.

Paraíba

João Pessoa: Altiplano Cabo Branco. 30/12/1986, *Felix, L.P.* et al. 1281.

Esperança: Agreste. 14/9/1958, *Moraes, J.C* 1879.

Pernambuco

Petrolina: Area de banco ativo de germoplasma de plantas forrageiras do CPATSA/EMBRAPA. 23/6/1983, *Coradin, L.* et al. 5969.

Olinda: 10/1837, *Gardner* 1037.

Petrolina: BR 407, Petrolina-Afrânio Km 22, estrada vicinal à esquerda a 800 m. 4/8/1994, *Silva, G.P.* et al. 2432.

Piauí

unloc. 5/1839, *Gardner* 2191.

Sergipe

Aracaju: 8/1838, *Gardner* 1707.

unloc.

unloc. *Sellow* 614.

Diodia conferta DC.

Bahia

unloc. 1872, *Preston, T.A.* s.n.

Diodia cymosa (K.Schum.) Cham.

Bahia

Mun.?: Ao cataractium Caldão. 3/1822, *Riedel* 706.

Diodia dasycephala Cham. & Schltdl.

Bahia

Juazeiro: 10 Km S of Juazeiro on BA-030. 2/1972, *Pickersgill, B.* et al. *in* RU 72.

Diodia gymnocephala (DC.) K.Schum.

Bahia

Alcobaca: Between Alcobaça and Prado, on the coast road 12Km N of Alcobaça. 16/1/1977, *Harley, R.M.* et al. 17995.

Barra da Estiva: Serra do Sincorá, 15-19 Km W de Barra da Estiva on the road to Jussiape. 22/3/1980, *Harley, R.M.* et al. 20775.

Diodia multiflora DC.

Bahia

Rio de Contas: Pico das Almas. Vertente Leste. 11-14km da cidade, entre Faz.Brumadinho-Junco 17/12/1988, *Harley, R.M.* et al. 25590.

Rio de Contas: 4km ao N da cidade na estrada para o povoado de Mato Grosso 8/11/1988, *Harley, R.M.* et al. 26009.

Rio de Contas: Pico das Almas.Vertente Leste.Entre Junco-Faz.Brumadinho,9-14km ao N-O da cidade 11/12/1988, *Harley, R.M.* et al. 27096.

Diodia radula (R. & S.) Cham. & Schltdl.

Bahia

Morro do Chapéu: Morrão al Sur de Morro do Chapéu. 28/11/1992, *Arbo, M.M.* et al. 5408.

Glória: Brejo do Burgo, roca do lelo. 2/7/1995, *Bandeira, F.P.* 215.

Campo Formoso: Estrada Alagoinhas-Água Preta, Km 3. 26/6/1983, *Coradin, L.* et al. 6044.

Campo Formoso: água Preta - Estrada Alagoinhas-Minas do Mimoso, km 15. 26/6/1983, *Coradin, L.* et al. 6095.

Morro do Chapéu: Rodovia Morro do Chapéu-Irecê (BA-052), km 21. 29/6/1983, *Coradin, L.* et al. 6253.

Abaíra: On road to Abaíra ca. 8 km to N of the town of Rio de Contas. 18/1/1972, *Harley, R.M.* et al. 15213.

Caetité: Serra Geral de Caetité, ca. 5 km S from Caetité along the Brejinhos das Ametistas road. 9/4/1980, *Harley, R.M.* et al. 21137.

Morro do Chapéu: Rio do Ferro Doido, 19.5Km SE of Morro do Chapéu on the BA 052 highway to Mundo Novo. 31/5/1980, *Harley, R.M.* et al. 22855.

Morro do Chapéu: 3Km SE of Morro do Chapéu on the road to Mundo Novo. 1/6/1980, *Harley, R.M.* et al. 22923.

Morro do Chapéu: Below summit of Morro do Chapéu, ca. 8Km Sw of the town of Morro do Chapéu to the west of the road to Utinga. 2/6/1980, *Harley, R.M.* et al. 23011.

Piatã: Ca. 16 Km de Piatã. 15/2/1987, *Harley, R.M.* et al. 24269.

Abaíra: Campo de Ouro Fino (baixo). 6/2/1992, *Nic Lughadha, E.* et al. *in* H 51044.

Abaíra: Base da encosta da Serra da Tromba. 2/2/1992, *Pirani, J.R.* et al. *in* H 51451.

Mun.?: in apricis. *Salzmann* s.n.

Pernambuco

Brejo da Madre de Deus: Fazenda Buriti. 29/3/1996, *Silva, L.F.* et al. 206.

Diodia rosmarinifolia Pohl ex DC.

Bahia

Abaíra: Ladeira rochosa entre Ouro Fino e Pedra Grande. 1/2/1992, *Nic Lughadha, E.* et al. *in* H 51028.

Piauí

Samambaia: 3/1839, *Gardner* 2190.

Diodia saponariifolia (Cham. & Schltdl.) K.Schum.

Bahia

Una: 20Km from Una and 10Km from Nova Colonial, W along to Rio Branco, by the Northern tributary of the Corrego Alianca. Riverside marsh. 24/1/1977, *Harley, R.M.* et al. 18207.

Rio de Contas: Rio Brumado, 13 Km ao N da cidade na estrada para o povoado de Mato Grosso. 27/10/1988, *Harley, R.M.* et al. 25700.

Rio de Contas: Rio Brumado, 13 Km ao N da cidade na estrada para o povoado de Mato Grosso. 27/10/1988, *Harley, R.M.* et al. 25700.

Piatã: Estrada Rio de Contas/Livramento de Brumado. 14/11/1996, *Hind, D.J.N.* et al. *in* PCD 4273.

Diodia sarmentosa Sw.

Bahia

Abaíra: Mata do Bem Querer, Tanque do Garimpo. 14/5/1992, *Ganev, W.* 267.

Abaíra: Catolés de Cima. 25/12/1992, *Harley, R.M.* et al. *in* H 50369.

Abaíra: Campo de Ouro Fino (alto). 21/1/1992, *Hind, D.J.N.* et al. *in* H 50925.

Abaíra: Encosta da Serra do Rei. 20/3/1992, *Laessoe, T.* et al. *in* H 52586.

Abaíra: Riacho da Taquara. 2/2/1992, *Nic Lughadha, E.* et al. *in* H 51136.

Paraíba

Areia: Mata de Pau Ferro. 23/11/1980, *Fevereiro, V.P.B.* et al. *in* M 98.

Pernambuco

São Vicente Ferrer: Mata do Estado. 31/10/1995, *Souza, E.B.* et al. 35.

Diodia schumannii Standl. ex Bacigalupo

Bahia

Rio de Contas: Pico das Almas. Vertente Leste. Entre Junco-Faz. Brumadinho, 9-14 km ao No da cidade, 11/12/1988, *Harley, R.M.* et al. 27096.

Diodia setigera DC.

Bahia

Mun.?: Prob. inter Vittoria et Bahia. 1907, *Sellow* 5699.

Diodia teres Walter

Bahia

Abaíra: On road to Abaíra ca. 8 Km to N of the town of Rio de Contas. 18/2/1972, *Harley, R.M.* et al. 15226.

Andaraí: 10 Km S of Andaraí on the road to Mucugê. 16/2/1977, *Harley, R.M.* et al. 18723.

São Inácio: Lagoa Itaparica 10 Km W of the São Inácio-Xique-Xique road at the turning 13,1Km N of São Inácio. 26/2/1977, *Harley, R.M.* et al. 19100.

Maracás: Caldeirão, Basin of the Upper São Francisco River. Just beyond Calderão, ca 32 Km NE from Bom Jesus da Lapa. 18/4/1980, *Harley, R.M.* et al. 21499.

Diodia sp.

Bahia

Maracás: Rod. Maracás/Contendas do Sincorá (BA 026), Km 2. 14/2/1979, *Mattos Silva, L.A.* et al. 215.

Diodia sp. nov.

Bahia

Abaíra: Topo da subida da Serra do Atalho. 29/11/1992, *Ganev, W.* 1591.

Piatã: Três Morros, Estrada Piatã-Inúbia. 5/12/1992, *Ganev, W.* 1620.

Piatã: Estrada Piatã-Inúbia, 25 km NW Piatã. 24/2/1994, *Sano, P.T.* et al. *in* CFCR 14512.

Emmeorhiza umbellata (Spreng.) K.Schum.

Bahia

Mun.?: in parte meridional. *Blanchet* 2411.

Santa Teresinha: Serra da Jibóia (=Serra da Pioneira). 2/9/1995, *França, F.* et al. 1328.

Abaíra: Bem Querer. 9/6/1992, *Ganev, W.* 453.

Abaíra: Mata do Bem Querer, próximo ao rancho de Jose Sobrinho. 17/8/1992, *Ganev, W.* 886.

Rio de Contas: Rio Água Suja. 28/8/1993, *Ganev, W.* 2151.

Barra da Estiva: Morro do Ouro. 19/7/1981, *Giulietti, A.M.* et al. *in* CFCR 1311.

Mun.?: Cruz de Cosme. *Glocker* 4.

Caetité: Serra Geral de Caetité, ca . 3 km from Caetité S along the road to Brejinhos das Ametistas. 10/4/1980, *Harley, R.M.* et al. 21182.

Maraú: Coastal Zone, ca. 5 Km SE de Maraú near junction with road to Campinho. 15/5/1980, *Harley, R.M.* et al. 22088.

Rio de Contas: Rio Brumado, 13 Km ao norte da cidade na estrada para o povoado de Mato Grosso. 27/10/1988, *Harley, R.M.* et al. 25701.

Rio de Contas: Pico das Almas. Vertente Leste. Junco, 9-11Km ao NO da cidade. 6/11/1988, *Harley, R.M.* et al. 25957.

Rio de Contas: Pico das Almas. Vertente Leste. Trilho Faz. Silvina - Campo do Queiroz. 13/12/1988, *Harley, R.M.* et al. 27172.

Rio de Contas: Pico das Almas. Vertente Leste. Junco. 21/12/1988, *Harley, R.M.* et al. 27641.

Piatã: Três Morros. 5/11/1996, *Hind, D.J.N.* et al. *in* PCD 4078.

Mun.?: Cruz de Cosme. *Lhotzky* s.n.

Mucugê: Margem da estrada Mucugê-Cascavel, km 3 a 6, próximo ao Rio Paraguacu. 20/7/1981, *Menezes, N.L.* et al. *in* CFCR 1469.

Uruçuca: Nova estrada que liga Uruçuca a Serra
Grande, a 28-30 Km de Uruçuca. 7/1978, *Mori,
S.A.* et al. 10231.
Ilhéus: *Moricand* s.n.
Mun.?: Almada 9/1822, *Riedel* 136.
unloc. *Salzmann* s.n.
Mun.?: in trusicelis. *Salzmann* 1069.
Paraíba
Goiamanduba: Bananeiras. 11/10/1987, *Felix, L.P.* et
al. 1388.
Areia: Mata do Pau Ferro. 9/10/1980, *Fevereiro,
V.P.B.* et al. *in* M 55.
Pernambuco
Mun.?: Rio Preto. 9/1839, *Gardner* 2887.
Inajá: Reserva Biológica de Serra Negra. 15/9/1995,
Gomes, A.P.S. et al. 129.
São Vicente Ferrer: Mata do Estado. 31/10/1995,
Lucena, M.F.A. et al. 62.
Caruaru: Distrito de Murici, Brejo dos Cavalos.
5/9/1995, *Oliveira, M.* et al. 72.
Inajá: Reserva Biológica de Serra Negra. 14/9/1995,
Silva, E.L. et al. 80; 16/9/1995, *Silva, E.L.* et al. 105.
Bezerros: Parque Ecológico de Serra Negra.
5/10/1995, *Silva, L.F.* et al. 62.
unloc.
unloc. *Blanchet* s.n.
Mun.?: Serra do Araripe. 9/1838, *Gardner* 1710.
unloc. *Pohl* 832.
unloc. *Pohl* 833.
unloc. *Sellow* s.n.
unloc. 1907, *Sellow* 5848, ISOTYPE, Borreria
umbellata Spreng..

Erithalis insularis (Ridley)Zappi & T.Sena
Pernambuco
Mun.?: Fernando de Noronha 1887, *Ridley* et al.
ISOTYPE, Palicourea insularis Ridley.
Mun.?: Fernando de Noronha, *Ridley* et al. ISOTYPE,
Palicourea insularis Ridley.

Faramea blanchetiana Muell.-Arg.
Bahia
Santa Cruz Cabrália: Estrada Santa Cruz
Cabrália/Porto Seguro. 5/11/1983, *Callejas, R.* et
al. 1644.
Itacaré: Near the mouth of the Rio de Contas.
28/1/1977, *Harley, R.M.* et al. 18326.
Ilhéus: Fazenda Barra do Manguinho. Ramal com
entrada no Km 10 da rod. Pontal/Olivença, lado
direito. 3Km a Oeste da rodovia. 5/2/1982, *Mattos
Silva, L.A.* et al. 1418.
Itacaré: Ca. de 1Km ao S de Itacaré. 7/6/1978, *Mori,
S.A.* et al. 10147.

Faramea castellana Muell.-Arg.
Bahia
[Ilhéus]: Castelnovo 11/1821, *Riedel* 95, ISOTYPE,
Faramea castellana Muell.-Arg..

Faramea coerulea (Nees & Mart.) DC.
Bahia
unloc. 9/1892, *Luschnath*, SYNTYPE, Faramea filipes
Benth..
unloc.
unloc. *Martius* 999, SYNTYPE, Faramea filipes
Benth..

Faramea cyanea Muell.-Arg.
Bahia
Piatã: Estrada Piatã-Ribeirão. 1/11/1996, *Bautista,
H.P.* et al. 3885.
Abaíra: Caminho Agua-Limpa-Guarda Mor.
25/6/1992, *Ganev, W.* 583.
Abaíra: Samambaia, Salão, Estrada Catolés-Barra de
Catolés. 19/10/1992, *Ganev, W.* 1269.
Abaíra: Catolés de Cima, Tijuquinho. 16/11/1992,
Ganev, W. 1474.
Abaíra: Estrada Catolés-Barra, after Salão. 4/1/1993,
Ganev, W. 1777.
Caetité: Serra Geral de Caetité, 9.5 km S of Caetité on
road to Brejinhos and stream. 13/4/1980, *Harley,
R.M.* et al. 21340.
Lençóis: Serra do Brejão ca. 14Km NW of Lençóis.
22/5/1980, *Harley, R.M.* et al. 22359.
Rio de Contas: Pico das Almas. Vertente Leste. 13-
14km ao NO da cidade. 28/10/1988, *Harley, R.M.*
et al. 25721.
Rio de Contas: Pico das Almas. Vertente Leste.
Margem leste do campo do Queiroz. 19/11/1988,
Harley, R.M. et al. 26209.
Rio de Contas: Pico das Almas. Vertente Leste.
Campo e mata ao NW do campo do Queiroz.
28/11/1988, *Harley, R.M.* et al. 26648.
Agua Quente: Pico das Almas. Vertente Oeste. Entre
Paramirim das Crioulas e a face NW do pico.
17/12/1988, *Harley, R.M.* et al. 27579.
Piatã: Três Morros. 5/11/1996, *Queiroz, L.P.* et al. *in*
PCD 4106.
Caetité: Caminho para Licínio de Almeida.
10/2/1997, *Saar, E.* et al. *in* PCD 5373.

Faramea multiflora A.Rich.
Pernambuco
São Vicente Ferrer: Mata do Estado. 1/4/1998,
Ferraz, E. et al. 257; 20/4/1998, *Ferraz, E.* et al.
275; 17/3/2000, *Ferraz, E.* et al. 864.
São Vicente Ferrer. 8/1/1996, *Inacio, E.* et al. 163.
Caruaru: Murici, Brejo dos Cavalos, Parque Ecológico
Municipal. 4/4/1995, *Marconi, A.B.* et al. 31.
São Vicente Ferrer: Mata do Estado. 8/1/1996,
Villarouco, F.A. et al. 165.

Faramea nitida Benth.
Bahia
Caravelas: Rod. Br 418 a 16Km do entroncamento
com a BA-001. 18/3/1978, *Mori, S.A.* et al. 9679.
Ceará
unloc. 1840, *Gardner in* s.n. .
unloc. *Gardner* 1693, SYNTYPE, Faramea nitida
Benth..
unloc. 1841, *Gardner* 1693, SYNTYPE, Faramea nitida
Benth..
Mun.?: near Crato, *Gardner* 1693, SYNTYPE, Faramea
nitida Benth.

Faramea sp. 1
Bahia
Cairu: Fazenda Paraíso, do outro lado do rio, em
frente à sede do Município. 20/9/1988, *Mattos
Silva, L.A.* et al. 2542.

Faramea sp. 2
Bahia
Ilhéus: Area do CEPEC (Centro de Pesq. do Cacau),
Km 22 da rodovia Ilhéus/Itabuna - BR 415.
27/10/1983, *Callejas, R.* et al. 1546.

Ilhéus: Area do CEPEC (Centro de Pesq. do Cacau), Km 22 da rodovia Ilhéus/Itabuna - BR 415. 18/11/1981, *Santos, T.S.* et al. 3689.

Ferdinandusa elliptica Pohl
Bahia

Barreiras: Rio Piau, ca. 225 km SW of Barreiras on road to Posse (GO). 12/4/1966, *Irwin, H.S.* et al. 14635.

Ferdinandusa speciosa Pohl
Bahia

Correntina: Chapadão Ocidental da Bahia, 12 km N of Correntina on the road to Inhaumas. Pasture, marsh and associated forest. 28/4/1980, *Harley, R.M.* 21895.

Galianthe brasiliensis (Spreng.) E.L.Cabral & Bacigalupo *subsp. brasiliensis*
Bahia

Piatã: Proximidade do riacho Taborou. 4/11/1996, *Bautista, H.P.* et al. *in* PCD 4031.

Jacobina: 1840, *Blanchet* 3122.

Abaíra: Catolés de Cima, Água Limpa. 17/9/1992, *Ganev, W.* 1116.

Rio de Contas: About 3 km N of the town of Rio de Contas. 21/1/1974, *Harley, R.M.* et al. 15384.

Rio de Contas: Ca. 1 Km S of Rio de Contas on side road to W of the road to Livramento do Brumado. 15/1/1974, *Harley, R.M.* et al. 16053.

Rio de Contas: About 2Km N of the town of Villa do Rio de Contas in flood plain of the Rio Brumado with riverine and chiefly herbaceus weedy vegetation. 22/3/1977, *Harley, R.M.* et al. 19834.

Rio de Contas: Ca 3Km south of small town of Mato Grosso on the road to Vila do Rio de Contas. 24/3/1977, *Harley, R.M.* et al. 19954.

Barra do Choça: Ca. 12 Km Se of Barra do Choça on the road to Itapetinga. 30/3/1977, *Harley, R.M.* et al. 20180.

Jussiape: água empoçada à margem do Rio de Contas, próximo da cidade. 17/2/1987, *Harley, R.M.* et al. 24364.

Rio de Contas: Cachoeira do Fraga do rio Brumado, arredores da cidade 4/11/1988, *Harley, R.M.* et al. 25909.

Rio de Contas: Cachoeira do Fraga do rio Brumado, arredores da cidade 4/11/1988, *Harley, R.M.* et al. 25909.

Rio de Contas: 17-20Km ao N da cidade na estrada para o povoado de Mato Grosso. 9/11/1988, *Harley, R.M.* et al. 26078.

Piatã: Estrada Piatã - Abaíra, c. 4 km de Piatã. 23/12/1991, *Harley, R.M.* et al. *in* H 50308.

Rio de Contas: Salto do Fraga. 6/12/1992, *Hatschbach, G.* et al. 56688.

Barra do Choça: Estrada que liga Barra do Choca a Faz. D'água (Rio Catole), 3-6Km a E de Barra de Choca. 22/11/1978, *Mori, S.A.* et al. 11320.

Livramento do Brumado: Km 5 da rodovia Livramento do Brumado/Rio de Contas. 19/7/1979, *Mori, S.A.* et al. 12310.

Abaíra: Mata do Cigano, Tijuquinho. 19/4/1998, *Queiroz, L.P.* et al. 5005.

unloc.

unloc. *Sellow* 86.

Galianthe grandifolia Cabral
Bahia

Correntina: BR 349, 21 km para entroncamento a BR 020. 1/4/1997, *Harley, R.M.* et al. 28577.

Galium hypocarpium (L.) Endl. ex Griseb.
Bahia

Abaíra: Caminho Guarda-Mor to Frios. 11/4/1994, *Ganev, W.* 3084.

Gentio do Ouro: Serra do Sincorá, NW face of Serra do Ouro, to the East of the Barra da Estiva-Ituaçu road, about 9 Km S of Barra da Estiva. 24/3/1980, *Harley, R.M.* et al. 20903.

Abaíra: Campo do Cigano. 12/2/1992, *Harley, R.M.* et al. *in* H 52002.

Abaíra: Encosta da Mata da Serra do Rei. 17/2/1992, *Harley, R.M.* et al. *in* H 52097.

Abaíra: Riacho da Taquara. 2/2/1992, *Nic Lughadha, E.* et al. *in* H 51135.

Pernambuco

Brejo da Madre de Deus: Fazenda Buriti. 25/5/1995, *Villarouco, F.A.* et al. 74.

Galium noxium (A.St.-Hill.) Dempster
Bahia

Ibicoara: Lagoa Encantada, 19 Km NE of Ibicoara near Brejao. 1/2/1974, *Harley, R.M.* et al. 15809.

Senhor do Bonfim: Serra da Jacobina, West of Estiva, ca. 12 Km N of Senhor do Bonfim on the BA-130. 1/3/1974, *Harley, R.M.* et al. 16588.

Rio de Contas: Middle & upper slopes of Pico das Almas c.25km WNW of Vila do Rio de Contas 19/3/1977, *Harley, R.M.* et al. 19692.

Rio de Contas: Perto do Pico das Almas, em local chamado Queiroz (preto de Brumadinho) 21/2/1987, *Harley, R.M.* et al. 24585.

Rio de Contas: Pico das Almas. Vertente Leste. 28/11/1988, *Harley, R.M.* et al. 26656.

Abaíra: Encosta da Mata da Serra do Rei. 17/2/1992, *Harley, R.M.* et al. *in* H 52098.

Genipa americana L.
Bahia

Ilhéus: *Riedel* 616.

Mun.?: in collibus an monte. *Salzmann* s.n.

Pernambuco

unloc. 1838, *Gardner* 1042.

Itamaracá: Ilha of Itamaracá 12/1837, *Gardner* 1042.

Inajá: Reserva Biológica de Serra Negra. 9/12/1995, *Laurenio, A.* et al. 263.

Sergipe

Aracaju: Horto do IBDF (Ibura). 9/1/1988, *Catharino, R.L.M.* et al. 1294.

Geophila orbicularis (Muell.-Arg.) Steyerm.
Bahia

Ilhéus: in sylvis umbrosis. 1/1822, *Riedel* 632.

Gonzalagunia dicocca Cham. & Schltdl.
Bahia

Ilhéus: Centro de Pesquisas do Cacau-CEPEC. Reserva Botânica da Quadra D. 8/7/1980, *Carvalho, A.M.* et al. 265.

Itacaré: Ca. 5km SW of Itacaré, on side road south from the main Itacaré-Ubaitaba road. 30/3/1974, *Harley, R.M.* et al. 17519.

Itacaré: Ca. 6km SW of Itacaré, on side road by small dam and hydroelectric generator by river. 30/3/1974, *Harley, R.M.* et al. 17534.

Itacaré: Ca. 6km SW of Itacaré, on side road by small dam and hydroelectric generator by river. 30/3/1974, *Harley, R.M.* et al. 17534.

Itacaré: Ca. 6km SW of Itacaré, on side road by small dam and hydroelectric generator by river. 31/1/1977, *Harley, R.M.* et al. 18450.

Itabuna: CEPEC, Quadra D, Reserva Botânica. Somewhat disturbed rain forest in old cacau plantation. 9/3/1977, *Harley, R.M.* et al. 19475.

Itacaré: Rod. Br-101, próximo a Itacaré. 11/4/1992, *Hatschbach, G.* et al. 56985.

Aureliano Leal: 11,2km from Aureliano Leal and BR-101 on road to lage do Banco, to right on small cobbled roadway. 1/2/1993, *Kallunki, J.A.* et al. 412.

Mun.?: Cruz de Cosme. *Luschnath* s.n.

Mun.?: locis paludosis ad Cruz do Cosme. 2/1835, *Luschnath* 158.

Mun.?: in collibus. *Salzmann* s.n.

Itabuna: CEPLAC, Reserva do CEPEC, quadra D, old cacau plantation under rainforest canopy, fairly well preserved. 18/2/1988, *Thomas, W.W.* et al. 6003.

Gonzalagunia birsuta (Jacq.) K.Schum.
Bahia
Ilhéus: 4/1821, *Riedel* 280.

Guettarda angelica Mart. ex Muell.-Arg.
Bahia
Cansanção: 4Km W of Cansanção on the Itiuba road. 20/2/1974, *Harley, R.M.* et al. 16399.

Barra da Estiva: Side road ca. 2Km from Estiva, about 12km N of Senhor do Bonfim on the BA 130 to Juazeiro. 27/2/1974, *Harley, R.M.* et al. 16505.

Milagres: Morro de Nossa Senhora dos Milagres, just west of Milagres. 6/3/1977, *Harley, R.M.* et al. 19465.

Paraíba
Solanea: 6/4/1977, *Fevereiro, V.P.B.* 573.

Guettarda leai Ridl.
Pernambuco
Mun.?: Fernando de Noronha 9/1891, *Ridley* et al. 88, ISOTYPE, Guettarda leai Ridley.

Mun.?: Fernando de Noronha 9/1891, *Ridley* et al. 88, ISOTYPE, Guettarda leai Ridley.

Guettarda paludosa Muell.-Arg.
Bahia
Jacobina: Vila do Barra. 1840, *Blanchet* 3088, HOLOTYPE, Guettarda paludosa Muell.-Arg..

Guettarda platyphylla Muell.-Arg.
Alagoas
Maceió: Tabuleiro dos Martins (encosta). 3/8/1979, *Paula, J.E.de* 1306.

Bahia
Santa Cruz Cabrália: Estrada velha para Santa Cruz de Cabrália, entre a Estação Ecológica Pau-Brasil e Sta. Cruz de Cabrália. Ca. 15 Km NW de Porto Seguro. 17/5/1979, *Mori, S.A.* et al. 11873.

Turiaçu: 23/1/1965, *Pereira, E.* et al. 9643.

Paraíba
João Pessoa: Cidade Universitaria, 6 Km Sudeste do centro de João Pessoa. 3/5/1991, *Agra, M.F.* 1312.

Areia: Mata do Bujari, em frente a Mata de Pau Ferro, ao N da estrada Areia-remigio. 4/12/1980, *Fevereiro, V.P.B.* et al. *in* M 163.

Areia: Mata do Bujari, em frente a Mata de Pau Ferro, ao N da estrada Areia-remigio. 4/12/1980, *Fevereiro, V.P.B.* et al. *in* M 163.

Sergipe
Santa Luzia: Estância Santa Luzia a 8Km da cidade na estrada para o Pontal. 23/1/1993, *Pirani, J.R.* et al. 2663.

Guettarda platypoda DC.
Alagoas
Maceió: 16Km S de Maceió. 2/2/1982, *Kirkbride. J.H.* 4621.

Bahia
Itiuba: Fazenda Experimental da EPABA. 27/5/1983, *Bautista, H.P.* et al. 777.

Camaçari: Ba-099 (estrada do coco), entre Arembepe e Monte Gordo. 14/7/1983, *Bautista, H.P.* et al. 821.

Camaçari: Na rodovia que liga BA-099 (estrada do coco) a Via parafuso. 14/7/1983, *Bautista, H.P.* et al. 840.

Maraú: Rodovia Br-030, trecho Porto de Campinhos-Maraú, Km 11. 28/2/1980, *Carvalho, A.M.* et al. 177.

Maraú: Estrada para o Porto de Campinhos, 7km da estrada para Maraú em direçãoa Campinhos. 7/1/1982, *Carvalho, A.M.* et al. 1109.

Entre Rios: 24/3/1995, *França, F.* et al. 1132.

Abaíra: Mata do Engenho de Baixo. 2/1/1993, *Ganev, W.* 1770.

Maraú: Near Maraú 20 km North from road junction from Maraú to Ponta do Mutá. 3/2/1977, *Harley, R.M.* et al. 18538.

Salvador: Ca. 35Km NE of the city of Salvador, 3 km NE of Itapua. 31/8/1978, *Morawetz, W.* 112 31878.

Maraú: Estrada que liga Ponta do Mutá (Porto de Campinhos) a Maraú, 1 8 km do Porto. 6/2/1979, *Mori, S.A.* et al. 11410.

Salvador: Along road (Av. Otavio Mangabeira = BA-033) from Itapuã to Aeroporto Dois de Julho at traffic circle (intersection with Av. Luis Viana Filho). 27/1/1983, *Plowman, T.* 12769.

Mun.?: in Sabulos is aridis. *Salzmann*, ISOTYPE, Guettarda platypoda DC..

unloc. s.d., *Swainson* s.n.

Paraíba
João Pessoa: 20 Km do Centro de João Pessoa, Usina São João, Tibirizinho. 12/7/1990, *Agra, M.F.* et al. 1194.0.

Santa Rita: 20 Km do Centro de João Pessoa, Usina São João, Tibirizinho. 12/7/1980, *Agra, M.F.* et al. 1237.

João Pessoa: Mares, próximo ao acude. 9/8/1990, *Agra, M.F.* 1268.

Pocinhos: 19/5/1988, *Felix, L.P.* et al. 1098.

Pernambuco
unloc. 1838, *Gardner* 1152.

unloc. 1838, *Gardner* 1156.

Guettarda rhabdocalyx Muell.-Arg.
Bahia
Mun.?: Marais do Ilhabira [Itobira] 1838, *Blanchet* 2878, SYNTYPE, Guettarda rhabdocalyx Muell.-Arg..

Paraíba
Santa Rita: 20 Km do Centro de João Pessoa, Usina São João, Tibirizinho. 5/2/1992, *Agra, M.F.* et al. 1393.

Guettarda sericea Muell.-Arg.

Bahia

Jacobina: Serra de Jacobina. 1839, *Blanchet* 2539.

Pernambuco

Inajá: Floresta, Reserva Biológica de Serra Negra. 27/8/1994, *Rodal, M.J.N.* et al. 344.

Inajá: Floresta, Reserva Biológica de Serra Negra. 27/8/1994, *Rodal, M.J.N.* et al. 345.

Inajá: Floresta, Reserva Biológica de Serra Negra. 21/7/1995, *Tscha, M.C.* et al. 137.

Guettarda viburnoides Cham. & Schltdl.

Ceará

Crato: 10/1838, *Gardner* 1696.

Piauí

Colônia do Piauí: Riachão do meio. 2/2/1995, *Alcoforado-Filho, F.G.* 362.

Hamelia patens Jacq.

Bahia

unloc. 1842, *Glocker* 148.

Mun.?: in ruderalis. *Salzmann* s.n.

Ceará

Uruburetama: 13/7/1989, *Felix, L.P.* in EAN 6595.

Mun.?: Riacho do capim, Serra do Baturité. 6/7/1914, *Ule, E.* 9116.

Paraíba

Areia: Serra da Onca. 17/2/1992, *Felix, L.P.* 4712.

Hillia parasitica Jacq.

Bahia

Palmeiras: Morro do Pai Inácio. 25/10/1994, *Carvalho, A.M.* et al. in PCD 977.

Palmeiras: Pai Inácio. 28/2/1997, *França, F.* et al. in PCD 5912.

Morro do Chapéu: 2/3/1997, *França, F.* et al. in PCD 5923.

Lençóis: Serra Larga (=Serra Larguinha) a Oeste de Lençóis, perto de Caeté-Acu. 19/12/1984, *Furlan, A.* et al. in CFCR 7168.

Abaíra: Serra dos Frios. 11/11/1993, *Ganev, W.* 2457.

Abaíra: Caminho Guarda-Mor to Frios. 11/4/1994, *Ganev, W.* 3065.

Morro do Chapéu: Summit of Morro do Chapéu, ca. 8 Km SW of the town of Morro do Chapéu to the west of the road to Utinga. 3/7/1977, *Harley, R.M.* et al. 19309.

Rio de Contas: Middle and upper NE slopes of the Pico das Almas, ca. 25km WNW of the villa de Rio de Contas. 19/3/1977, *Harley, R.M.* et al. 19684.

Barra da Estiva: Serra do Sincorá, NW of serra do Ouro, to the East of the Barra da Estiva - Ituaçu road, about 9 km S of Barra da Estiva. 24/3/1980, *Harley, R.M.* et al. 20860.

Morro do Chapéu: Ca. 8km SW of the town of Morro do Chapéu to the west of the road to Utinga. 30/5/1980, *Harley, R.M.* et al. 22773.

Rio de Contas: Pico das Almas. 20/2/1987, *Harley, R.M.* et al. 24445.

Rio de Contas: Pico das Almas. Vertente Leste. Vale acima da Faz. Silvina. 29/11/1988, *Harley, R.M.* et al. 26667.

Palmeiras: Pai Inácio. 21/11/1994, *Melo, E.* et al. in PCD 1176.

Palmeiras: Morro do Pai Inácio. 21/11/1994, *Melo, E.* et al. in PCD 1188.

Palmeiras: Morro do Pai Inácio. 21/11/1994, *Melo, E.* et al. in PCD 1188.

Palmeiras: Pai Inácio. Fazenda Morro do Pai Inácio, a leste do cruzeiro. 24/4/1995, *Melo, E.* et al. in PCD 1779.

Palmeiras: Morro do Pai Inácio, BR 242, km 232, ca. de 15 km ao Ne de Palmeiras. 29/2/1980, *Mori, S.A.* 13292.

Abaíra: Bem Querer. 29/12/1991, *Nic Lughadha, E.* et al. in H 50218.

Abaíra: Campo da Mutuca. 21/3/1992, *Stannard, B.* et al. in H 52736.

Hillia viridiflora Kuhlmann & Silveira

Bahia

Buerarema: Estrada Buerarema 21/7/1980, *Carvalho, A.M.* et al. 287.

Ilhéus: Area do CEPEC (Centro de Pesq. do Cacau), Km 22 da rodovia Ilhéus/Itabuna - BR 415. 24/8/1981, *Santos, T.S.* 3649.

Hindsia sessilifolia DiMaio

Bahia

Abaíra: Serra do Bicota. 18/11/1992, *Ganev, W.* 1486.

Abaíra: Encosta da Serra do Rei. 6/6/1994, *Ganev, W.* 3300.

Abaíra: Tijuquinho. 8/1/1992, *Harley, R.M.* et al. in H 51209.

Abaíra: Bem Querer. 19/12/1991, *Nic Lughadha, E.* et al. in H 50212.

Abaíra: Cachoeira das Anáguas. 26/1/1992, *Pirani, J.R.* et al. in H 51321.

Hoffmannia peckii K.Schum.

Bahia

Almadina: Fazenda Beija-flor, ca. 3 km S de Almadina. 19/7/1978, *Mori, S.A.* et al. 10271.

Ixora venulosa Benth.

Bahia

Abaíra: Distrito de Catolés: sitio Carrapato. Beira do Rio da Água Suja. 21/4/1992, *Ganev, W.* 168.

Abaíra: Mata do Outeiro, próximo ao caminho Engenho-Marques. 2/1/1993, *Ganev, W.* 1761.

Rio de Contas: Carrapato, Rio Água Suja. 14/11/1993, *Ganev, W.* 2488, 2489.

Abaíra: Capão do Criminoso. 22/1/1994, *Ganev, W.* 2847.

Rio de Contas: Serra do Mato Grosso. 3/2/1997, *Stannard, B.* et al. in PCD 4991.

Pernambuco

São Vicente Ferrer: Mata do Estado. 2/12/1999, *Ferraz, E.* et al. 751.

Leptoscela ruelloides Hook.f.

Bahia

Paulo Afonso: Nas pedras a margem da cachoeira Paulo Afonso. 7/4/1952, *Andrade-Lima* 52 1029.

Ilhéus: *Blanchet* 2399, HOLOTYPE, Leptoscela ruellioides Hook.f..

Abaíra: Ladeira da Barriguda. 16/4/1994, *França, F.* et al. 977.

Itatim: Morro das Tocas. 27/1/1996, *França, F.* et al. 1527.

Lagoinha: 22 Km NW of Lagoinha (which is 5,5 Km SW of Delfino) on side road to Minas do Mimoso. 6/3/1974, *Harley, R.M.* et al. 16837.

Morro do Chapéu: Ca. 4 km SW of the town of Morro do Chapéu on the road to Utinga. 2/6/1980, *Harley, R.M.* et al. 22992.

Morro do Chapéu: Ca. 4 km SW of the town of Morro do Chapéu on the road to Utinga. 2/6/1980, *Harley, R.M.* et al. 22992.

Itatim: Morro das Tocas. 16/12/1995, *Melo, E.* et al. 1372.

Itatim: Morro das Tocas. 30/3/1996, *Melo, E.* et al. 1528.

Paraíba

Guarabira: Fazenda Getulio Vargas. 1/6/1988, *Felix, L.P.* et al. 1177.

Remigio: Pedra dos Caboclos. 5/8/1988, *Felix, L.P.* et al. 1371.

Remígio: Pedra dos Caboclos. 10/4/1977, *Ferreira, P.C.* et al. 311.

Pernambuco

Sertânia: Serra do Pinheiro, próximo a Arcoverde. 9/4/1955, *Andrade-Lima* 55 2016.

Buíque: Catimbau, Fazenda Esmeralda. 18/10/1994, *Araujo, A.* 4.

Buíque: Estrada Buíque-Catimbau. 6/5/1995, *Gomes, A.P.S.* et al. 23.

Cabrobó: Entre Cabrobó e Terra Nova, nas fendas de rochas. 15/5/1971, *Heringer, E.P.* et al. 774.

Serra Talhada: Serra da Carnaubeira, Serrote redondo. 10/9/1980, *Heringer, E.P.* et al. 827.

Triunfo: Entre Triunfo e Flores. 25/5/1971, *Heringer, E.P.* et al. 910.

Buíque: Catimbau, Serra do Catimbau. 18/8/1994, *Rodal, M.J.N.* 300.

Brejo da Madre de Deus: Fazenda Bituri. 26/5/1995, *Villarouco, F.A.* et al. 93.

Limnosipanea erytbraeoides (Cham.) K.Schum.

Bahia

unloc. 15/11/1907, *Sellow*, ISOTYPE, Sipanea erythraeoides Cham..

Lipostoma capitata Graham

Bahia

unloc. 15/11/1907, *Sellow* s.n.

unloc. 15/11/1907, *Sellow* 723.

Macbaonia acuminata Kunth.

Alagoas

Penedo: Margem of Rio São Francisco. 2/1838, *Gardner* 1336.

Bahia

Jacobina: Serra de Jacobina 1837, *Blanchet* 2675.

Itaberaba: Margem do Rio Paraguaçu. Divisa entre os municípios de Itaberaba e Iaçu. 4/6/1995, *França, F.* et al. 1218.

Iaçu: Caminho para Brejinho das Ametistas. Arredores da cidade, ca. 6 Km na estrada para Itaete. 11/2/1997, *Giulietti, A.M.* et al. *in* PCD 5499.

Lençóis: Remanso/Maribus. 29/1/1997, *Guedes, M.L.* et al. *in* PCD 4627.

Barra: Ibiraba (=Icatu), caminho para Coxos, lagoa dos Coxos. 25/2/1997, *Queiroz, L.P.* 4842.

Macbaonia brasiliensis (Humb.) Cham. & Schltdl.

Ceará

unloc. *Gardner* 1700.

unloc. *Gardner* 1700.

Macbaonia spinosa Cham. & Schltdl.

Bahia

Manoel Vitorino: Rod. M. Vitorino/Caatingal, km 4. 16/2/1979, *Mattos Silva, L.A.* et al. 275.

Poções: Trecho Pocoes/Jequié, a 34 km N de Poções. 5/3/1978, *Mori, S.A.* et al. 9535.

Ceará

Icó: Rio Jaguariba. 8/1838, *Gardner* 1700.

Malanea evenosa Muell.-Arg.

Bahia

Itacaré: Ca. 6Km Sw of Itacaré, on side road south from the main Itacaré-Ubaitaba road, south of the mouth of the Rio de Contas. 29/1/1977, *Harley, R.M.* et al. 18383.

Barra da Estiva: Serra do Sincorá. Barra da estiva on the Capao da Volta road. 22/3/1980, *Harley, R.M.* et al. 20710.

Malanea barleyi Steyerm. ined.

Bahia

Belmonte: Ca. 26Km SW of Belmonte along road to Itapebi, and 4Km along side road towards the sea. 25/3/1974, *Harley, R.M.* et al. 17413.

Belmonte: Ca. 26Km SW of Belmonte along road to Itapebi, and 4Km along side road towards the sea. 25/3/1974, *Harley, R.M.* et al. 17413.

Ilhéus: Fazenda Barra do Manquinho. Ramal com entrada no Km 10 da Rod. Pontal/Olivença, lado direito, 3Km a O da rodovia. 5/2/1982, *Mattos Silva, L.A.* et al. 1431.

Malanea macropbylla Bartl. ex Griseb.

Bahia

Palmeiras: Pai Inácio, próximo a Br 142. 12/3/1997, *Gasson, P.* et al. *in* PCD 6193.

Palmeiras: Morro do Pai Inácio. 4/2/1995, *Giulietti, A.M. in* PCD 1531.

Lençóis: Serra da Chapadinha. Ao longo do corrego cercado, na margem do rio. 6/2/1995, *Giulietti, A.M.* et al. *in* PCD 1614.

Palmeiras: Pai Inácio. 1/7/1995, *Guedes, M.L.* et al. *in* PCD 2116.

Palmeiras: Pai Inácio. 1/7/1995, *Guedes, M.L.* et al. *in* PCD 2116.

unloc.

unloc. 1840, *Talbot, H.F.* s.n.

Malanea macropbylla Bartl. ex Griseb. *f. babiensis* (Muell.-Arg.) Steyerm.

Bahia

unloc. 5/1866, *Blanchet* 3311.

Eunápolis: Reserva Biológica do Pau Brasil (CEPLAC), 17Km W from Porto Seguro on road to Eunápolis. 20/11/1977, *Harley, R.M.* et al. 18110.

Itacaré: Near the mouth of the Rio de Contas. 28/1/1977, *Harley, R.M.* et al. 18317.

Lençóis: Perto do trevo na entrada da cidade. 20/12/1984, *Lewis, G.P.* et al. *in* CFCR 7353.

Taperoá: Ramal da Fazenda São Braz, com entrada no Km 16 da Rodovia Taperoa/Itiuba. Lado direito. 21/9/1988, *Mattos Silva, L.A.* et al. 2566.

Maraú: Estrada que liga Ponta do Mutá (Porto de Campinhos) a Maraú, a 28 Km do Porto. 6/2/1979, *Mori, S.A.* et al. 11435.

Ilhéus: 9/1892, *Riedel* 390.

Pernambuco

São Vicente Ferrer: Mata do Estado. 13/1/2000, *Ferraz, E.* et al. 810.

São Vicente Ferrer: Mata do Estado. 12/11/1995, *Laurenio, A.* et al. 237.

Bonito: Reserva Biológica Municipal da Prefeitura de Bonito. 15/3/1995, *Sales de Melo, M.R.C.* et al. 29.

Malanea martiana Muell.-Arg.

Bahia

Cravolândia: Povoado Três Braços (Ilha Formosa). 15/1/1994, *França, F.* et al. 913.

unloc. *Martius* 394, SYNTYPE, Malanea martiana Muell.-Arg..

Malanea sp.

Bahia

Maraú: Rodovia Br-030, trecho Porto de Campinhos-Maraú, Km 11. 26/2/1980, *Carvalho, A.M.* et al. 214.

Manettia cordifolia Mart.

Bahia

Rio de Contas: Serra do Mato Grosso. 3/2/1997, *Atkins, S.* et al. *in* PCD 4926.

Morro do Chapéu: No paredao da Serra. 26/8/1980, *Bautista, H.P.* 369.

Salvador: *Blanchet* 3600, ISOTYPE, Manettia grandiflora Miq..

Abaíra: Distrito de Catolés: Estrada Catolés-Ribeirão Mendonça de Daniel Abreu, a 3 Km de Catolés. 2/4/1992, *Ganev, W.* 1.

Abaíra: Serrinha-Guarda Mor. 3/3/1994, *Ganev, W.* 3041.

Abaíra: Salão, Campos Gerais. 2/5/1994, *Ganev, W.* 3188.

Abaíra: Encosta da Serra do Rei. 6/6/1994, *Ganev, W.* 3315.

Abaíra: Valle a Norte do Campo Ouro Fino, rumo ao Campo da Pedra Grande. 23/3/1992, *Ganev, W.* et al. *in* H 53324.

unloc. *Gardner*, HOLOTYPE, Manettia stipulosa Wernh..

Palmeiras: Pai Inácio, indo para o cercado. 1/7/1995, *Guedes, M.L. in* PCD 2124.

Andaraí: Serra do Sincorá, south of Andaraí, along road to Mucugê near small town of Xique-Xique. 14/2/1977, *Harley, R.M.* et al. 18684.

Morro do Chapéu: Ca. 8km SW of the town of Morro do Chapéu to the west of the road to Utinga. 3/3/1977, *Harley, R.M.* et al. 19308.

Rio de Contas: Lower NE slopes of the Pico das Almas, ca. 25km WNW of the Vila de Rio de Contas. 17/2/1977, *Harley, R.M.* et al. 19527.

Rio de Contas: 13km E of the town of Vila do Rio de Contas on the road to Marcolino Moura. 23/3/1977, *Harley, R.M.* et al. 20002.

Jussiape: Serra do Sincorá, 3-13km W of Barra da Estiva on the road to Jussiape. 23/3/1980, *Harley, R.M.* et al. 20833.

Caetité: Serra Geral de Caetité, 9,5km of Caetité on road to Brejinhos das Ametistas. 13/4/1980, *Harley, R.M.* et al. 21326.

Palmeiras: Serra de Lençóis. Lower slopes of Morro do Pai Inácio, ca. 14,5km NW of Lençóis. 21/3/1980, *Harley, R.M.* et al. 22279.

Lençóis: Serra dos Lençóis, Serra do Brejao ca. 14 km NW of Lençóis. 23/3/1980, *Harley, R.M.* et al. 22352.

Lençóis: Serra dos Lençóis, Serra da Larguinha, ca. 2km NE of Caeté-Acu (Capao Grande). 23/3/1980, *Harley, R.M.* et al. 22566.

Morro do Chapéu: Below summit of Morro do Chapéu, ca. 8 km SW of the town of Morro do Chapéu to the west of the road to Utinga. 2/6/1980, *Harley, R.M.* et al. 23003.

Rio de Contas: Alto do Pico das Almas. 20/2/1987, *Harley, R.M.* et al. 24453.

Mucugê: Rodovia para Andaraí. 17/9/1984, *Hatschbach, G.* 48324.

Abaíra: Campo de Ouro Fino (baixo). 25/2/1992, *Laessoe, T.* et al. *in* H 52328.

Lençóis: Serra Larga (=Serra Larguinha) a Oeste de Lençóis, perto de Caeté-Acu. 19/12/1984, *Mello-Silva, R.* et al. *in* CFCR 7185.

Maracás: Fazenda Juramento, a 6km ao S de Maracás, pela antiga rodovia para Jequié. 27/4/1978, *Mori, S.A.* et al. 10034.

Abaíra: Campo de Ouro Fino (alto). 26/1/1992, *Pirani, J.R. in* H 51025.

Abaíra: Campo do Cigano. 28/1/1992, *Stannard, B.* et al. *in* H 50823.

Abaíra: Garimpo do Bicota. 2/3/1992, *Stannard, B.* et al. *in* H 51687.

Abaíra: Fazenda de Daniel Abreu. 3/3/1992, *Stannard, B.* et al. *in* H 51717.

Abaíra: Catolés de Cima. 4/3/1992, *Stannard, B.* et al. *in* H 51748.

Piatã: Gerais de Piatã, na estrada para Inúbia. 9/3/1992, *Stannard, B.* et al. *in* H 51809.

Abaíra: Catolés de Cima. 15/2/1992, *Stannard, B.* et al. *in* H 51958.

Abaíra: Campo de Ouro Fino. 22/2/1992, *Stannard, B.* et al. *in* H 52144.

Abaíra: Garimpo do Bicota. 24/3/1992, *Stannard, B.* et al. *in* H 52816.

Abaíra: Bem Querer. 24/3/1992, *Stannard, B.* et al. *in* H 52838.

Palmeiras: Pai Inácio, lado oposto da torre de repetição. 30/8/1994, *Straedmann, M.T.S.* et al. *in* PCD 576.

Pernambuco

Bezerros: Parque Nacional de Serra Negra. 2/6/1995, *Oliveira, M.* 55.

Caruaru: Brejo dos Cavalos, Fazenda Caruaru. 22/7/1994, *Sales de Melo, M.R.C.* et al. 220.

Caruaru: Brejo dos Cavalos, Fazenda Caruaru. 11/8/1994, *Sales de Melo, M.R.C.* 243.

Caruaru: Distrito de Murici, Brejo dos Cavalos, Parque Ecológico Municipal. 12/8/1994, *Sales de Melo, M.R.C.* 283.

Buíque: Catimbau, Fazenda Esmeralda. 18/10/1994, *Sales de Melo, M.R.C.* 416.

Floresta: Inaja, Reserva Biológica de Serra Negra. 20/7/1995, *Silva, L.F.* et al. 18.

Caruaru: Distrito de Murici, Brejo dos Cavalos. 6/9/1995, *Silva, L.F.* et al. 44.

Caruaru: Murici, Brejo dos Cavalos. 19/10/1996, *Tscha, M.C.* et al. 306.

Manettia cordifolia Mart. **var. attenuata** (Nees & Mart.) Wernh.

Bahia

Mucugê: Caminho para Guiné. 15/2/1997, *Atkins, S. et al. in* PCD 5682.

Mucugê: Caminho para Abaíra. 13/2/1997, *Guedes, M.L. et al. in* PCD 5515.

Barra da Estiva: Ca. 6km N of Barra da Estiva on Ibicoara road. 29/1/1974, *Harley, R.M. et al.* 15582.

Jussiape: Serra do Sincorá, 3-13 km W of Barra da Estiva on the road to Jussiape. 23/3/1980, *Harley, R.M. et al.* 20854.

Jussiape: Serra do Sincorá, 3-13 km W of Barra da Estiva on the road to Jussiape. 23/3/1980, *Harley, R.M. et al.* 20854.

Ibiquara: 25 km ao N de Barra da estiva, na estrada nova para Mucugê. 20/11/1988, *Harley, R.M. et al.* 26970.

Rio de Contas: Pico das Almas, vertente Leste, perto da Faz. Silvina na estrada para Brumadinho. 20/12/1988, *Harley, R.M. et al.* 27410.

Piatã: A 10km ao N de Piatã. 3/3/1980, *Mori, S.A. et al.* 13379.

Piatã: Estrada Piatã-Inubia, a ca. 25km NW de Piatã, Serra do Atalho. 23/2/1994, *Sano, P.T. et al. in* CFCR 14470.

Manettia cordifolia Mart. **var. glabra** (Cham. & Schltdl.) Standl.

Bahia

Lençóis: Along Br 242, ca. 15 km NW of Lençóis at Km 225. 10/6/1981, *Boom, B.M et al.* 1066.

Rio de Contas: About 3Km of the town of Rio de Contas. 21/1/1974, *Harley, R.M. et al.* 15389.

Palmeiras: Morro do Pai Inácio km 224 da rodovia BR 242. 19/12/1981, *Lewis, G.P. et al.* 885.

Mitracarpus anthospermoides K.Schum.

Bahia

Salvador: Arembepe. 10/1/1990, *Felix, L.P.* 2647.

Lençóis: Ca. 4 Km NE of Lençóis by old road. 23/5/1980, *Harley, R.M. et al.* 22477.

Ilhéus: *Moricand* 1867, ISOTYPE, Mitracarpus anthospermoides K.Schum.

Mitracarpus frigidus (R. & S.) K.Schum.

Bahia

Muritiba: *Blanchet* 3101.

Lençóis: Rodovia Brasilia-Fortaleza (BR 242) 8Km leste da estrada para Lençóis. 5/7/1983, *Coradin, L. et al.* 6514.

Lençóis: Rodovia Brasilia-Fortaleza (BR 242) 8Km leste da estrada para Lençóis. 5/7/1983, *Coradin, L. et al.* 6515.

Abaíra: Serrinha, caminho Capão-Serrinha-Bicota. 26/4/1994, *Ganev, W.* 3135.

Abaíra: Boa Vista-Bicota. 23/7/1994, *Ganev, W.* 3428.

Aracatu: 7/1838, *Gardner* 1704.

Lençóis: Serra da Chapadinha, Serra do Brejao. 28/9/1994, *Giulietti, A.M. et al. in* PCD 887.

unloc. *Glocker* 4.

Santa Cruz Cabrália: 11Km S of Santa Cruz Cabrália. 17/3/1974, *Harley, R.M. et al.* 17102.

Itacaré: Near the mouth of the Rio de Contas. 31/3/1974, *Harley, R.M. et al.* 17580.

Alcobaca: On the coast road between Alcobaça and Prado 10 Km NW of Alcobca and 4 Km N along road from the Rio Itanhentinga. 25/1/1977, *Harley, R.M. et al.* 17930.

São Inácio: 1,5 Km S of São Inácio on Gentio do Ouro road. 24/2/1977, *Harley, R.M. et al.* 18982.

Barra do Choça: Ca. 12 Km Se of Barra do Choça on the road to Itapetinga. 30/3/1977, *Harley, R.M. et al.* 20158.

Maraú: Coastal Zone, ca. 5 Km SE de Maraú near junction with road to Campinho. 15/5/1980, *Harley, R.M. et al.* 22077.

Lençóis: Serras dos Lençóis, about 7-10 Km along the main Seabra-Itaberaba road, W of the Lençóis turning, by the Rio Mucugêzinho. 27/5/1980, *Harley, R.M. et al.* 22682.

Piatã: Quebrada da Serra do Atalho. 26/12/1992, *Harley, R.M. et al. in* H 50428.

Mun.?: Cruz de Cosme. *Lhotzky* s.n.

Mun.?: Cruz de Cosme. *Lhotzky* 820.

Ilhéus: *Moricand* s.n.

Lençóis: Serra da Chpadinha. 31/8/1994, *Orlandi, R. et al. in* PCD 648.

Palmeiras: Pai Inácio, base da encosta ao sul do morro do Pai Inácio. 29/7/1994, *Pereira, A. et al. in* PCD 246.

Abaíra: Plato da Serra da Tromba, próximo a nascente do Rio de Contas. 20/4/1998, *Queiroz, L.P. et al.* 5077.

Mun.?: in apricis. *Salzmann* s.n.

Mun.?: in collibus. *Salzmann* s.n.

Abaíra: Estrada Catolés-Inúbia, 13 km de Catolés. 10/3/1992, *Stannard, B. et al. in* H 51837.

Paraíba

Santa Rita: 20 Km do Centro de João Pessoa, Usina São João, Tibirizinho. 16/4/1990, *Agra, M.F. et al.* 1320.

unloc.

unloc. *|Gardner|* 1704.

unloc. *Langsdorff* s.n.

Mitracarpus frigidus (R. & S.) K.Schum. **var. salzmannianus** (DC.) K.Schum.

Bahia

unloc. 1842, *Glocker* 22.

unloc. 1842, *Glocker* 22.

Santa Cruz Cabrália: 11Km S of Santa Cruz Cabrália. 17/3/1974, *Harley, R.M. et al.* 17086.

Mun.?: in sabulosis maritimus. *Salzmann*, ISOTYPE, Mitracarpus salzmannianus DC..

Mitracarpus lhotzkyanus Cham.

Bahia

unloc. *Blanchet* 3125.

Barra da Estiva: Estrada Barra da Estiva-Mucugê, Km 31. 4/7/1983, *Coradin, L. et al.* 6435.

Santa Teresinha: Serra de Jibóia. 1/6/1996, *Freitas, I. et al.* 3.

Abaíra: Pico do Barbado. 28/9/1993, *Ganev, W.* 2266.

Gentio do Ouro: 16Km from Gentio do Ouro NW along road to São Inácio. 23/2/1977, *Harley, R.M. et al.* 18964.

Rio de Contas: Between 2,5 and 5 km S of Vila do Rio de Contas on side road to W of the road to Livramento, leaing to the Rio Brumado. 28/3/1977, *Harley, R.M. et al.* 20111.

Morro do Chapéu: Summit of Morro do Chapéu, ca. 8 Km SW of the town of Morro do Chapéu to the west of the road to Utinga. 30/5/1980, *Harley, R.M.* et al. 22756.

Morro do Chapéu: Summit of Morro do Chapéu, ca. 8 Km SW of the town of Morro do Chapéu to the west of the road to Utinga. 30/5/1980, *Harley, R.M.* et al. 22756.

Rio de Contas: Pico das Almas. Vertente Leste. Trilho Faz. Silvina-Queiroz. 13/11/1988, *Harley, R.M.* et al. 26137.

Rio de Contas: Pico das Almas. Vertente Leste. Trilho Faz. Silvina - Campo do Queiroz. 13/12/1988, *Harley, R.M.* et al. 27176.

Santa Teresinha: Ca. 6 Km NE do entroncamento da BR 116, com a BA 046 (para Iaçú e Itaberaba), ao lado da Br 116. 2/6/1993, *Queiroz, L.P.* et al. 3191.

Abaíra: Serra do Barbado. 26/2/1994, *Sano, P.T.* et al. *in* CFCR 14579.

Pernambuco

Catimbau: Serra do Catimbau. 16/9/1994, *Sales de Melo, M.R.C.* 370.

Mitracarpus megapotamicus (Spreng.) Standl.

Bahia

Glória: Povoado de Brejo do Burgo. 26/8/1995, *Bandeira, F.P.* 253.

Lagoinha: 16Km N West of Lagoinha (5,5Km SW of Delfino) on side road to Minas do Mimoso. 8/3/1974, *Harley, R.M.* et al. 16988.

Barreiras: Ca. 5 Km S of Rio Roda Velha, ca. 150 Km SW de Barreiras. 15/4/1966, *Irwin, H.S.* et al. 14886.

Jacobina: Oeste de jacobina. Serra do Tombador, estrada para Lagoa Grande. 23/12/1984, *Mello-Silva, R.* et al. *in* CFCR 7483.

Milagres: Morro das Tocas. 29/6/1996, *Melo, E.* et al. 1611.

Iaçu: Faz. Suibra, Morro do Gado Bravo. 14/3/1985, *Noblick, L.R.* 3709.

Pernambuco

Buíque: Fazenda Laranjeiras. 5/5/1995, *Laurenio, A.* et al. 33.

Ibimirim: Estrada Ibimirim-Petrolandia, Caatinga arbustiva densa, solo arenoso, alaranjado. 22/7/1995, *Sales de Melo, M.R.C.* et al. 667.

Mitracarpus parvulus K.Schum.

Bahia

Maracás: Rod. BA 026, a 6 Km SW de Maracás. 27/4/1978, *Mori, S.A.* et al. 10007.

Iaçu: Ba 046, trecho Iaçu/Milagres,a 5Km a E de Iaçu. 9/3/1980, *Mori, S.A.* 13432.

Mitracarpus peladilla Griseb.

Bahia

Camaçari: Na rodovia que liga BA-099 (estrada do coco) a via Paraiso. 14/7/1983, *Bautista, H.P.* et al. 838.

Mitracarpus rigidifolius Standl.

Bahia

Campo Formoso: Água Preta - Estrada Alagoinhas-Minas do Mimoso, km 15. 26/6/1983, *Coradin, L.* et al. 6097.

Gentio do Ouro: Estrada Santo Inácio-Gameleira do Acurua, km 20. 30/6/1983, *Coradin, L.* et al. 6304.

Lagoinha: 16Km N West of Lagoinha (5,5Km SW of Delfino) on side road to Minas do Mimoso. 4/3/1974, *Harley, R.M.* et al. 16651.

Lagoinha: 22 Km NW of Lagoinha (which is 5,5 Km SW of Delfino) on side road to Minas do Mimoso. 6/3/1974, *Harley, R.M.* et al. 16826.

Lagoinha: 16Km N West of Lagoinha (5,5Km SW of Delfino) on side road to Minas do Mimoso. 8/3/1974, *Harley, R.M.* et al. 17015.

São Inácio: 1,5 Km S of São Inácio on Gentio do Ouro road. 24/2/1977, *Harley, R.M.* et al. 19012.

Morro do Chapéu: 19.5 Km SE of the town of Morro do Chapéu on the BA 052 to Mundo Novo by the Rio Ferro Doido. 2/3/1977, *arley, R.M.* et al. 19267.

Morro do Chapéu: Rio do Ferro Doido, 19,5 Km SE of Morro do Chapéu on the Ba 052, highway to Mundo Novo, 31/5/1980, *Harley, R.M.* et al. 22886.

São Inácio: Serra do São Inácio. 1907, *Ule, E.* 7559, HOLOTYPE, Mitracarpus rigidifolius Standl..

Piauí

Furnas: Serra Branca. 1907, *Ule, E.* 7487.

Mitracarpus sellowianus Cham. & Schltdl.

unloc.

unloc. 1907, *Sellow* 3533.

Mitracarpus steyermarkii E.L.Cabral et Bacigalupo

Bahia

Correntina: Ca. 15Km Sw of Correntina on the road to Goiás. 25/4/1980, *Harley, R.M.* et al. 21770.

Correntina: BR 349, 21 km para entroncamento a Br 020. 1/4/1997, *Harley, R.M.* et al. 28578.

Barreiras: 7Km S of Rio Piau, ca. 150 Km Sw of Barreiras. 13/4/1966, *Irwin, H.S.* et al. 14690, ISOTYPE, Mitracarpus steyermarkii E.L.Cabral et Bacigaalupo.

Mitracarpus villosus (Sw.) Cham. & Schltdl.

Alagoas

unloc. 1838, *Gardner* 1334.

Bahia

Morro do Chapéu: Morrão al Sur de Morro do Chapéu. 28/11/1992, *Arbo, M.M.* et al. 5404.

Barra da Estiva: 8Km S de Barra da estiva, caminho a Ituaçu: Morro do Ouro y Morro da Torre. 23/11/1992, *Arbo, M.M.* et al. 5722.

unloc. *Blanchet* s.n.

Jacobina: 1846, *Blanchet* 3125.

Jacobina: 1846, *Blanchet* 3125.

Vitória da Conquista: city of Vitória da Conquista, weste ground at highway maintainance station. 10/3/1970, *Eiten, G.* et al. 10890.

Palmeiras: Pai Inácio. 4/7/1994, *Ferreira, M.C.* et al. *in* PCD 16.

Abaíra: Campos de Ouro Fino, próximo a Serra dos Bicanos. 16/7/1992, *Ganev, W.* 664.

unloc. 9/1839, *Gardner* 882.

Ituaçu: Estrada Ituaçu-Barra da Estiva, a 13 Km de Ituaçu, próximo do Rio Lajedo. 18/7/1981, *Giulietti, A.M.* et al. *in* CFCR 1220.

Barra da Estiva: Estrada Ituaçu-Barra da Estiva, 12 Km de Barra da Estiva, próximo ao Morro do Ouro. 18/7/1981, *Giulietti, A.M.* et al. *in* CFCR 1241.

Cumuruxatiba: 47 Km N of Prado on the coast. 18/1/1977, *Harley, R.M.* et al. 18061.

Rio de Contas: Middle NE slopes of the Pico das Almas ca. 25 Km WNW of the Villa do Rio de Contas. 18/3/1977, *Harley, R.M.* et al. 19654.

Caetité: Serra Geral de Caetité. 9,5 km S of Caetité on road to Brejinhos das Ametistas. 13/4/1980, *Harley, R.M.* et al. 21325.

Maracás: Caldeirão, Basin of the Upper São Francisco River. Just beyond Calderão, ca 32 Km NE from Bom Jesus da Lapa. 18/4/1980, *Harley, R.M.* et al. 21504.

Rio de Contas: 17 Km ao N da cidade na estrada para o povoado de Mato Grosso. Perto do rio. 9/11/1988, *Harley, R.M.* et al. 25063.

Rio de Contas: Pico das Almas: vertente Leste. Campo do Queiroz, perto do trilho da Faz. Silvina. 31/10/1988, *Harley, R.M.* et al. 25814.

Rio de Contas: Pico das Almas. Vertente Leste. Subida do pico do campo norte do Queiroz. 10/11/1988, *Harley, R.M.* et al. 26325.

Rio de Contas: Pico das Almas. Vertente Leste. Montanha a sudoeste do Queiroz. 30/11/1988, *Harley, R.M.* et al. 26513.

Rio de Contas: Vertente Leste. Entre Junco-Faz. Brumadinho, 9-14 Km ao No da cidade. 11/12/1988, *Harley, R.M.* et al. 27098.

Rio de Contas: Pico das Almas. Vertente Leste. Campo do Queiroz. 14/12/1988, *Harley, R.M.* et al. 27239.

Agua Quente: Pico das Almas. Vertente Oeste. Entre Paramirim das Crioulas e a face NW do Pico. 16/12/1988, *Harley, R.M.* et al. 27536.

Abaíra: Campo de Ouro Fino (baixo). 10/1/1992, *Harley, R.M.* et al. *in* H 50730.

Mucugê: Santa Cruz. 9/4/1992, *Hatschbach, G.* et al. 56878.

Barreiras: Rio Piau, ca. 225Km Sw of Barreiras on road to Posse/Goiás. 12/4/1966, *Irwin, H.S.* et al. 14605.

Maracás: Rod. BA 026, a 6 Km a SW de Maracás. 26/4/1978, *Mori, S.A.* et al. 9923.

Agua Quente: Pico das Almas, a 17 Km ao NW de Rio de Contas. 24/3/1980, *Mori, S.A.* et al. 13583.

Ituaçu: Arredores de Morro da Mangabeira. 20/6/1987, *Queiroz, L.P.* et al. 1607.

Castro Alves: Serra da Jibóia (=Serra da Pioneira). 22/12/1992, *Queiroz, L.P.* et al. 2984.

Castro Alves: topo da Serra da Jibóia, ca. de 3 km de Pedra Branca 25/4/1994, *Queiroz, L.P.* et al. 3826.

Abaíra: Riacho da Taquara. 28/1/1992, *Stannard, B.* et al. *in* H 50842.

Abaíra: Campo de Ouro Fino. 13/2/1992, *Stannard, B.* et al. *in* H 52018.

Paraíba

Pocinhos: 19/5/1988, *Felix, L.P.* et al. 1096.

Mitracarpus **sp.**

Piauí

unloc. 4/1839, *Gardner* 2188.

Molopanthera paniculata Turcz.

Bahia

Jacobina: Serra de Jacobina 1839, *Blanchet* 2557, SYNTYPE, Molopanthera paniculata Turcz..

Jacobina: Serra de Jacobina 1839, *Blanchet* 2557, SYNTYPE, Molopanthera paniculata Turcz..

Jacobina: Serra de Jacobina 1839, *Blanchet* 2557, SYNTYPE, Molopanthera paniculata Turcz..

unloc. *Blanchet* 3282, SYNTYPE, Molopanthera paniculata Turcz..

unloc. *Blanchet* 3282, SYNTYPE, Molopanthera paniculata Turcz..

Santa Cruz Cabrália: Estação Ecológica do Pau-Brasil e arredores, ca. de 16 km a W de Porto Seguro. 27/7/1978, *Mori, S.A.* et al. 10328.

Santa Cruz Cabrália: Estação Ecológica do Pau-Brasil e arredores, ca. de 16 km a W de Porto Seguro. 27/7/1978, *Mori, S.A.* et al. 10328.

Oldenlandia corymbosa L.

Bahia

Andaraí: Among stones of pave in town. 24/1/1980, *Harley, R.M.* et al. 20537.

Pernambuco

Fernando de Noronha: Ilha de Fernando de Noronha, Vila dos Remedios, próximo casa. 8/5/1968, *Andrade-Lima* 68 5369.

Oldenlandia filicaulis K.Schum.

Bahia

Utinga: 1838, *Blanchet* 2742, SYNTYPE, Oldenlandia filicaulis K.Schum..

Utinga: 1838, *Blanchet* 2742, SYNTYPE, Oldenlandia filicaulis K.Schum..

Maracás: Caldeirão, Basin of the Upper São Francisco River. Just beyond Calderão, ca 32 Km NE from Bom Jesus da Lapa. 18/4/1980, *Harley, R.M.* et al. 21508.

Remanso: An cinem sac bei Remanso. 1906, *Ule, E.* 7419.

Pernambuco

Petrolina: Estrada Petrolina-Remanso, a 78Km de Petrolina. 25/4/1971, *Heringer, E.P.* et al. 352.

Piauí

Mun.?: Brasilia Tropica. 1841, *Gardner* 2639.

Oldenlandia salzmannii (DC.) Benth. & Hook.f. ex Jacks.

Bahia

Mun.?: prope Igreja Velha. *Blanchet* 3407.

Rio do Pires: Riacho da Forquilha. 27/7/1993, *Ganev, W.* 2000.

Palmeiras: Pai Inácio. 26/9/1994, *Giulietti, A.M.* et al. *in* PCD 793.

Lençóis: Morro da Chapadinha. 27/10/1994, *Giulietti, A.M.* et al. *in* PCD 1129.

Barra da Estiva: Estrada Barra da estiva-Capão da Volta, a 7 Km de Barra da Estiva. 19/7/1981, *Giulietti, A.M.* et al. *in* CFCR 1357.

Lençóis: Estrada entre Lençóis e seabra, a 20 Km Nw de Lençóis. 14/2/1994, *Harley, R.M.* et al. *in* CFCR 14048.

Rio de Contas: About 2Km N of the town of Rio de Contas in flood plain of the Rio Brumado, with riverine chiefly herbaceous weedy vegetation. 25/1/1974, *Harley, R.M.* et al. 15514.

Belmonte: On SW outskirts of town. 26/3/1974, *Harley, R.M.* et al. 17431.

Alcobaca: On the coast road between Alcobaça and Prado 12 Km N of Alcobaça. 16/1/1977, *Harley, R.M.* et al. 18002.

Alcobaca: On the coast road between Alcobaça and Prado 12Km N of Alcobaça. 16/5/1977, *Harley, R.M.* et al. 18002.

Morro do Chapéu: 19,5 Km Se of the town of Morro do Chapéu on the BA-052 road to Mundo Novo, by the Rio Ferro Doido, wth water worn horizontally badded sandstone at soil surface. 4/3/1977, *Harley, R.M.* et al. 19378.

Caetité: Serra Geral de Caetité. 9,5 km S of Caetité on road to Brejinhos das Ametistas. 13/4/1980, *Harley, R.M.* et al. 21310.

Piatã: Estrada para Inubia, ca. 29km de Piatã. 15/2/1987, *Harley, R.M.* et al. 24309.

Rio de Contas: Cachoeira do Fraga do rio Brumado, arredores da cidade 4/11/1988, *Harley, R.M.* et al. 25903.

Rio de Contas: 17km ao N da cidade na estrada para o povoado de Mato Grosso. Perto do rio. 9/11/1988, *Harley, R.M.* et al. 26057.

Agua Quente: Pico das Almas. Vertente Norte. Vale ao oeste da Serra do Pau Queimado. 16/12/1988, *Harley, R.M.* et al. 27268.

Mucugê: A 3Km ao S de Mucugê, na estrada que vai para Jussiape. 22/12/1979, *Mori, S.A.* et al. 13165.

Ilhéus: *Moricand* 2182.

Jacobina: Oeste de jacobina, Serra do Tombador, estrada para Lagoa Grande. 23/12/1984, *Pirani, J.R.* et al. *in* CFCR 7479.

Mun.?: in humidis. 1837, *Salzmann* 765, ISOTYPE, Anotis salzmannii DC..

unloc.

unloc. *Sellow* s.n.

unloc. *Sellow* 765.

Oldenlandia sp. nov. aff. ***filicaulis*** K.Schum.

Bahia

Mucugê: pedra Redonda, entre o rio Preto e o rio Paraguacu. 15/7/1996, *Bautista, H.P.* et al. *in* PCD 3624.

Lençóis: Serra da Chapadinha. Gerais da Chapadinha, trilha para o corrego de Água Doce. 26/4/1995, *Costa, J.* et al. *in* PCD 1816.

Mucugê: 3-5Km N da cidade, em direçãoa Palmeiras. 20/2/1994, *Harley, R.M.* et al. *in* CFCR 14295.

São Inácio: Lagoa Itaparica, 10Km W of the São Inácio-Xique-Xique road at the turning 13,1 km W of São Inácio. 26/2/1977, *Harley, R.M.* et al. 19118.

Rio de Contas: Cachoeira do Fraga do rio Brumado, arredores da cidade 24/11/1988, *Harley, R.M.* et al. 26988.

Abaíra: Riacho Taquara. 24/2/1992, *Laessoe, T.* et al. *in* H 52307.

Lençóis: Serra da Chapadinha. 24/2/1995, *Melo, E.* et al. *in* PCD 1728.

Abaíra: Campo de Ouro Fino (cima). 16/1/1992, *Nic Lughadha, E.* et al. *in* H 50769.

Piatã: Estrada Piatã-Inubia, a ca. 25Km NW de Piatã. Serra do Atalho. 23/2/1994, *Sano, P.T.* et al. *in* CFCR 14427.

Oldenlandia tenuis K.Schum.

Bahia

Correntina: 37Km N from Correntina, on the Inhaumas road. 29/4/1980, *Harley, R.M.* et al. 21953.

Pernambuco

Igarassu: Campina dos Marcos. 26/6/1955, *Andrade-Lima* 55 2085.

Parnamirim: Km 4,4 da estrada Parnamirim-Faz. Travessia. 12/6/1984, *Araujo, F.* 129.

Paederia brasiliensis (Hook.f.) Puff

Ceará

Mun.?: Serra do Araripe. 9/1838, *Gardner* 1698, HOLOTYPE, Lygodisodea brasiliensis Hook.f..

Pagamea coriacea Spruce ex Benth.

Bahia

Lençóis: Serra da Chapadinha, ao longo do corrego Chapadinha. 6/2/1994, *Giulietti, A.M.* et al. *in* PCD 1588.

Lençóis: Serra da Chapadinha. 6/2/1995, *Giulietti, A.M.* et al. *in* PCD 1589.

Pagamea guianensis Aubl.

Bahia

unloc. s. coll. s.n.

Marau: 5Km SE of Maraú at the junction with the new road North to Ponta do Mutá. 2/2/1977, *Harley, R.M.* et al. 18477.

Maraú: Coastal Zone, ca. 5 Km SE de Maraú near junction with road to Campinho. 14/5/1980, *Harley, R.M.* et al. 22029.

Maraú: Coastal Zone, ca. 5 Km SE de Maraú near junction with road to Campinho. 14/5/1980, *Harley, R.M.* et al. 22037.

Alcobaca: Rodovia Br 255, ca. 6Km a NW of Alcobaça. 17/9/1978, *Mori, S.A.* et al. 10604.

Maraú: BR 030, a 5Km ao S de Maraú. 13/6/1979, *Mori, S.A.* et al. 11993.

Maraú: BR 030, a 45 km a E de Ubaitaba. Ca. 25-50 m de altitude. 27/8/1979, *Mori, S.A.* et al. 12810.

Pagamea harleyi Steyerm.

Bahia

Camaçari: Ba-099 (estrada do coco), entre Arembepe e Monte Gordo. 14/7/1983, *Bautista, H.P.* et al. 807.

Santa Cruz Cabrália: 11Km S of Santa Cruz Cabrália. 17/3/1974, *Harley, R.M.* et al. 17069, ISOTYPE, Pagamea harleyi Steyerm..

Belmonte: Ca. 26Km SW of Belmonte along road to Itapebi, and 4Km, along side road towards the sea. 25/3/1974, *Harley, R.M.* et al. 17423.

Santa Cruz Cabrália: 4Km S along coast road BA-001, from Santa Cruz Cabrália on the way to Porto Seguro. 21/1/1977, *Harley, R.M.* et al. 18159.

Santa Cruz Cabrália: 4Km S along coast road BA-001, from Santa Cruz Cabrália on the way to Porto Seguro. 21/1/1977, *Harley, R.M.* et al. 18159.

Maraú: Near Maraú 20Km n from road junction from Maraú to Ponta do Mutá. 3/2/1977, *Harley, R.M.* et al. 18551.

Santa Cruz Cabrália: BR 367, a 18,7 Km ao N de Porto Seguro, próximo ao nível do mar. 27/7/1978, *Mori, S.A.* et al. 10337.

Pagamea plicata Spruce ex Benth. var. ***glabrescens*** Benth.

Pernambuco

Mun.?: Rio Preto. 9/1839, *Gardner* 2891, HOLOTYPE, Pagamea plicata var. glabrescens Benth..

Piauí

unloc. 1841, *Gardner* 2891.

Palicourea blanchetiana Schltdl.

Bahia

Prado: 12Km ao S de Prado. Estrada para Alcobaça. 7/12/1981, *Carvalho, A.M.* et al. 925.

Cravolândia: Povoado de Três Braços (Ilha Formosa). 27/11/1993, *França, F.* et al. 888.

Alcobaca: Between Alcobaça and Prado, on the coast road 12 km N of Alcobaça. 16/1/1977, *Harley, R.M.* et al. 17984.

Barra do Choça: Ca. 12 Km Se of Barra do Choça on the road to Itapetinga. 30/3/1977, *Harley, R.M.* et al. 20178.

Lençóis: 3Km N da ligação com a rodovia BR-242. 9/4/1992, *Hatschbach, G.* et al. 56938.

Lençóis: 3Km W na ligaçãocom a rodovia BR-242. 9/4/1992, *Hatschbach, G.* et al. 56938.

Ilhéus: Estrada que liga a estaçãoHidromineral de Olivençao ao Povoado de Vila Brasil, 5Km ao Sudoeste de Olivença. 8/2/1982, *Mattos Silva, L.A.* et al. 1486.

Senhor do Bonfim: Serra de Santana. 26/12/1984, *Mello-Silva, R.* et al. *in* CFCR 7602.

Pernambuco

unloc. 1838, *Gardner* 1040.

Mun.?: Near the german colony of Catuca. 11/1837, *Gardner* 1048.

Caruaru: Distrito de Murici, Brejo dos Cavalos. 5/9/1995, *Lira, S.S.* et al. 62.

Caruaru: Distrito de Murici, Brejo dos Cavalos. 5/9/1995, *Lira, S.S.* et al. 62.

Palicourea gardneriana (Muell.-Arg.) Standl.

unloc.

unloc. *Gardner* 447, ISOTYPE, Psychotria gardneriana Muell.-Arg..

Palicourea guianensis Aubl.

Bahia

Maraú: Mata litoranea, margem de Igarape. 3/5/1968, *Belem, R.P.* 3478.

Cravolândia: Povoado de Três Braços (Ilha Formosa). 14/1/1994, *França, F.* et al. 898.

Porto Seguro: Pau Brasil Biological Reserve, 17Km West from Porto Seguro on road to Eunápolis. 19/3/1974, *Harley, R.M.* et al. 17171.

Porto Seguro: Parque Nacional de Monte Pascoal, on NW slopes of Monte Pascoal. 12/1/1977, *Harley, R.M.* et al. 17868.

Maraú: About 5Km SE of Maraú near junction with road to Campinho. 15/5/1980, *Harley, R.M.* et al. 22082.

Maraú: About 5Km SE of Maraú near junction with road to Campinho. 15/5/1980, *Harley, R.M.* et al. 22082.

Santa Cruz Cabrália: Entre Santa Cruz e Porto Seguro, a 15 Km da segunda. 27/11/1979, *Mori, S.A.* et al. 13020.

Una: Maruim, border of the Fazendas Maruim and Dois de Julho, 33Km SW of Olivewnca on the road from Olivença to Buerarema. 2/5/1981, *Mori, S.A.* et al. 13921.

Una: Maruim, border of the Fazendas Maruim and Dois de Julho, 33Km SW of Olivewnca on the road from Olivença to Buerarema. 2/5/1981, *Mori, S.A.* et al. 13921.

Maraú: Perto de Maraú. 22/1/1965, *Pereira, E.* et al. 9639.

Pernambuco

Bonito: Reserva Ecológica Municipal da Prefeitura de Bonito. 15/3/1995, *Andrade, I.M.* et al. 28.

Bonito: Reserva Municipal de Bonito. 9/2/1996, *Inacio, E.* et al. 157.

Bonito: Reserva Municipal de Bonito. 9/2/1996, *Inacio, E.* et al. 157.

Bonito: Reserva Municipal de Bonito. 6/3/1996, *Lucena, M.F.A.* et al. 126.

Bonito: Reserva Ecológica Municipl de Bonito. 15/3/1995, *Oliveira, M.* et al. 15.

Caruaru: Distrito de Murici, Brejo dos Cavalos, Parque Ecológico Municipal. 13/8/1994, *Sales de Melo, M.R.C.* 300.

Caruaru: Brejo dos Cavalos, Fazenda Caruaru. 25/5/1995, *Souza, E.B.* 11.

Caruaru: Brejo dos Cavalos, Fazenda Caruaru. 25/5/1995, *Souza, E.B.* 11.

Bonito: Reserva Ecológica Municipal da Prefeitura de Bonito. 8/5/1995, *Tscha, M.C.* et al. 38.

Caruaru: Distrito de Murici, Brejo dos Cavalos. 9/4/1996, *Tscha, M.C.* 754.

Caruaru: Distrito de Murici, Brejo dos Cavalos. Parque Ecológico Municipal. 4/4/1995, *Villarouco, F.A.* et al. 35.

Palicourea guianensis Aubl. ***var. occidentalis*** Steyerm.

Bahia

Itacaré: Ca. 5Km of Itacaré. On side road south from the main Itacaré-Ubaitaba road. South of the mouth of the Rio de Contas. 30/3/1974, *Harley, R.M.* et al. 17514.

Itacaré: Ca. 5Km of Itacaré. On side road south from the main Itacaré-Ubaitaba road. South of the mouth of the Rio de Contas. 30/3/1974, *Harley, R.M.* et al. 17514.

Palicourea marcgravii St.-Hil.

Bahia

Piatã: Serra de Santana. 3/11/1996, *Bautista, H.P.* et al. *in* PCD 4016.

Jacobina: Serra de Jacobina (Villa de Barra). Fl. Bras. 6(5): 245. *Blanchet* [Moricand] 2699.

Jacobina: Serra de Jacobina. (Villa da Barra) Fl. Bras. 6(5):245. 1837, *Blanchet* 2699.

Palmeiras: Pai Inácio. 26/10/1994, *Carvalho, A.M.* et al. *in* PCD 1038.

Lençóis: Ca. 8 Km NW de Lençóis, estrada para Barro Branco. 20/12/1981, *Carvalho, A.M.* et al. 1040.

Palmeiras: Pai Inácio. 4/1/1996, *Carvalho, A.M.* et al. *in* PCD 2150.

Lençóis: Rodovia Brasilia-Fortaleza (BR-242) 8 Km leste da estrada para Lençóis. 5/7/1983, *Coradin, L.* et al. 6512.

Lençóis: Rodovia Brasilia-Fortaleza (BR-242) 8 Km leste da estrada para Lençóis. 5/7/1983, *Coradin, L.* et al. 6512.

Mucuri: Faz. Goiabeiras. 4/1/1991, *Farney, C.* et al. 2648.

Morro do Chapéu: 8/9/1989, *Felix, L.P.* 2341.

Mucugê: 6/12/1980, *Furlan, A.* et al. *in* CFCR 406.

Serra Larga: (=Serra Larguinha) a oeste de Lençóis, perto de Caeté-Acu. 19/12/1984, *Furlan, A.* et al. *in* CFCR 7202.

Abaíra: Capão de Levi-Catolés. 18/11/1992, *Ganev, W.* 1484.

Abaíra: Mata do Outeiro, próximo ao caminho Engenho-Marques. 2/1/1993, *Ganev, W.* 1756.

Abaíra: Mata do Criminoso. 3/11/1993, *Ganev, W.* 2396.

Abaíra: Entre Zulego e Samambaia 5/2/1994, *Ganev, W.* 2961.

Palmeiras: Pai Inácio. 25/9/1994, *Giulietti, A.M.* et al. *in* PCD 775.

Andaraí: Caminho para antiga estrada para Xique-Xique do Igatu. 14/2/1997, *Guedes, M.L.* et al. *in* PCD 5614.

Abaíra: On road to Abaíra, ca. 8Km to N of the town of Rio de Contas. 18/1/1972, *Harley, R.M.* et al. 15219.

Rio de Contas: 10 Km N of town of Rio de Contas on road to Mato Grosso. 19/1/1974, *Harley, R.M.* et al. 15287.

Mucugê: By Rio Cumbuca, ca. 3Km S of Mucugê, near site of small dam on road to Cascavel. 4/2/1974, *Harley, R.M.* et al. 15918.

Andaraí: 15-20Km from Andaraí, along the road to Itaetê which branches East off the road to Mucugê. 13/2/1977, *Harley, R.M.* et al. 18649.

Andaraí: South of Andaraí, along road to Mucugê near small town of Xique-Xique. 14/2/1977, *Harley, R.M.* et al. 18681.

Andaraí: South of Andaraí, along road to Mucugê near small town of Xique-Xique. 14/2/1977, *Harley, R.M.* et al. 18681.

Andaraí: Between Andaraí & Igatu. 24/1/1980, *Harley, R.M.* et al. 20552.

Andaraí: Between Andaraí & Igatu. 24/1/1980, *Harley, R.M.* et al. 20552.

Barra da Estiva: Serra do Sincorá, W of Barra da Estiva on the road to Jussiape. 23/3/1980, *Harley, R.M.* et al. 20830.

Lençóis: Serra dos Lençóis. Lower slopes of Morro do Pai Inácio. ca. 14,5 Km NW of Lençóis just N of the main Seabra-Itaberaba road. 21/5/1980, *Harley, R.M.* et al. 22315.

Rio de Contas: Pico das Almas. 21/2/1987, *Harley, R.M.* et al. 24527.

Rio de Contas: Pico das Almas. Vertente Leste. 11-14Km da cidade, entre Faz. Brumadinho-Junco. 17/12/1988, *Harley, R.M.* et al. 25586.

Rio de Contas: 17Km ao N da cidade na estrada para o povoado de Mato Grosso. Perto do Rio. 9/11/1988, *Harley, R.M.* et al. 26062.

Rio de Contas: Pico das Almas. Vertente Leste. Vale acima da Faz. Silvina. 29/11/1988, *Harley, R.M.* et al. 26670.

Agua Quente: Pico das Almas. Vertente Oeste. Trilha do povoado da Santa Rosa, 23Km ao O da cidade. 1/12/1988, *Harley, R.M.* et al. 27044.

Abaíra: Catolés. 20/12/1991, *Harley, R.M.* et al. *in* H 50147.

Piatã: Estrada Piatã-Abaíra, 4 km após Piatã 7/1/1992, *Harley, R.M.* et al. *in* H 50696.

Mucugê: Rio Cumbuca. 23/12/1985, *Hatschbach, G.* et al. 50114.

Abaíra: Campo de Ouro Fino (baixo). 25/2/1992, *Laessoe, T.* et al. *in* H 52329.

Senhor do Bonfim: Serra de Santana. 26/12/1984, *Lewis, G.P.* et al. *in* CFCR 7601.

Lençóis: Serra da Chapadinha. 5/7/1994, *Mayo, S.* et al. *in* PCD 41.

Barra da Estiva: Serra do Sincorá, Sincorá velho. 24/11/1992, *Mello-Silva, R.* et al. 784.

Lençóis: Serra da Chapadinha. 22/1/1994, *Melo, E.* et al. *in* PCD 1216.

Lençóis: Serra da Chapadinha. 22/1/1994, *Melo, E.* et al. *in* PCD 1216.

Andaraí: Velha estrada entre Andaraí e Mucugê via Igatu, a 2 km ao S de Igaatu. 23/12/1979, *Mori, S.A.* et al. 13186.

Lençóis: Serra da Chapadinha. 29/7/1994, *Pereira, A.* et al. *in* PCD 259.

Lençóis: Serra da Chapadinha. 29/7/1994, *Pereira, A.* et al. *in* PCD 259.

Jacobina: Jacobina-Imburana, 10 Km NW Jacobina. 23/12/1984, *Pirani, J.R.* et al. *in* CFCR 7513.

Jacobina: Jacobina-Imburana, 10 Km NW Jacobina. 23/12/1984, *Pirani, J.R.* et al. *in* CFCR 7513.

Abaíra: Estrada entre Bem Querer e Riacho das Anáguas. 30/1/1992, *Pirani, J.R.* et al. *in* H 51348.

Lençóis: Serra da Chapadinha. 31/8/1994, *Poveda, A.* et al. *in* PCD 677.

Abaíra: 9 km N de Catolés, caminho de Ribeirão de Baixo a Piatã.Encosta: subida da Serra do Atalho. 10/7/1995, *Queiroz, L.P.* et al. 4374.

Abaíra: Campo de Ouro Fino (baixo). 27/2/1992, *Sano, P.T. in* H 52368.

Mucugê: Fazenda Pedra Grande estrada para Boninal. 17/2/1997, *Stannard, B.* et al. *in* PCD 5816.

Mucugê: A 2Km S de Mucugê. 16/12/1984, *Stannard, B.* et al. *in* CFCR 6982.

Palmeiras: Pai Inácio, lado oposto da torre de repetição. 30/8/1994, *Straedmann, M.T.S.* et al. *in* PCD 538.

Maranhão

Balsas: Km 48, Rodovia MA. 23/3/1994, *Carvalho, J.H.* et al. 601.

Paraíba

Areia: Mata de Pau Ferro. 23/11/1980, *Fevereiro, V.P.B.* et al. *in* M 94.

Pernambuco

unloc. 1838, *Gardner* s.n.

Mun.?: Rio Preto. 8/1839, *Gardner* 2638.

Bonito: Reserva Municipl de Bonito. 6/3/1996, *Hora, M.J.* et al. 73.

Bonito: Reserva Municipl de Bonito. 9/2/1996, *Inacio, E.* et al. 158.

Bonito: Reserva Municipl de Bonito. 8/5/1995, *Lira, S.S.* et al. 49.

Brejo da Madre de Deus: Fazenda Buriti. 16/3/1996, *Lira, S.S.* 154.

Brejo da Madre de Deus: Buriti de Baixo. 16/3/1996, *Oliveira, M.* et al. 251.

Caruaru: Distrito de Murici, Brejo dos Cavalos, Parque Ecológico Municipal. 21/7/1994, *Rodal, M.J.N.* et al. 218.

Bonito: Reserva Municipl de Bonito. 22/9/1994, *Rodal, M.J.N.* et al. 389.

Bonito: Reserva Municipl de Bonito. 8/5/1995, *Rodrigues, E.* et al. 33.

Bonito: Reserva Municipl de Bonito. 12/9/1995, *Rodrigues, E.* et al. 54.

Caruaru: Distrito de Murici, Brejo dos Cavalos, Parque Ecológico Municipal. 1/6/1995, *Sales de Melo, M.R.C.* 50.

Bonito: Reserva Municipal de Bonito. 12/9/1995, *Sales de Melo, M.R.C.* et al. 171.

Bonito: Reserva Municipl de Bonito. 12/9/1995, *Sales de Melo, M.R.C.* et al. 178.

Caruaru: Distrito de Murici, Brejo dos Cavalos. 5/9/1995, *Silva, L.F.* et al. 38.

Brejo da Madre de Deus: Fazenda Buriti. 28/3/1996, *Silva, L.F.* et al. 194.

Brejo da Madre de Deus: Fazenda Buriti. 29/3/1996, *Silva, L.F.* et al. 207.

Bonito: Reserva Municipl de Bonito. 15/3/1995, *Villarouco, F.A.* et al. 28.

Caruaru: Distrito de Murici, Brejo dos Cavalos, Parque Ecológico Municipal. 4/4/1995, *Villarouco, F.A.* et al. 36.

Bonito: Reserva Municipl de Bonito. 8/5/1995, *Villarouco, F.A.* et al. 49.

Brejo da Madre de Deus: Fazenda Buriti. 25/5/1995, *Villarouco, F.A.* et al. 79.

Bonito: Reserva Municipl de Bonito. 18/9/1995, *Villarouco, F.A.* et al. 116.

Bonito: Reserva Municipl de Bonito. 18/9/1995, *Villarouco, F.A.* et al. 119.

unloc.
   unloc. *Sellow* s.n.

Palicourea nicotianaefolia Cham. & Schltdl.
unloc.
   unloc. *Sellow* s.n.

Palicourea officinalis Mart.
Bahia
   Mun.?: Serra do Sincorá. 11/1906, *Ule, E.* 7127.

Palicourea rigida Kunth.
Bahia
   Piatã: Estrada Piatã-Ribeirão. 1/11/1996, *Bautista, H.P.* et al. *in* PCD 3872.

   Rio de Contas: Sope do Pico do Itobira. 16/11/1996, *Bautista, H.P.* et al. *in* PCD 4343.

   Mucugê: Estrada Mucugê-Guiné, a 26 km de Mucugê. 7/9/1981, *Furlan, A.* et al. *in* CFCR 2034.

   Abaíra: Caminho Catolés de Cima-Barbado, subida da serra. 26/10/1992, *Ganev, W.* 1361.

   Abaíra: Guarda-Mor, caminho Guarda-Mor-Serrinha-Catolés. 6/11/1993, *Ganev, W.* 2418.

   Ituaçu: Estrada Ituaçu-Barra da Estiva, a 12 Km de Barra da estiva, próximo ao Morro do Ouro. 18/7/1981, *Giulietti, A.M.* et al. *in* CFCR 1237.

   Palmeiras: Pai Inácio. 29/8/1994, *Guedes, M.L.* et al. *in* PCD 394.

   Palmeiras: Pai Inácio. Cercado. 28/12/1994, *Guedes, M.L.* et al. *in* PCD 1431.

   Palmeiras: Pai Inácio. 28/6/1995, *Guedes, M.L.* et al. *in* PCD 1947; 1/7/1995, *Guedes, M.L.* et al. *in* PCD 2101.

   Rio de Contas: Ca. 6Km N of the town of Rio de Contas on road to Abaíra. 16/1/1974, *Harley, R.M.* et al. 15105.

   Rio de Contas: Lower NE slopes of the Pico das Almas, ca. 25Km WNW of the Vila do Rio de Contas. 17/2/1977, *Harley, R.M.* et al. 19544.

Rio de Contas: lower NE slopes of the Pico das Almas, ca. 25km WNW of the Vila do Rio de Contas. 20/3/1977, *Harley, R.M.* et al. 19752.

Barra da Estiva: Serra do Sincorá, 15-19Km W of Barra da Estiva, on the road to Jussiape. 22/3/1980, *Harley, R.M.* et al. 20770.

Caetité: Serra Geral de Caetité. ca. 9 km S of Brejinhos das Ametistas. 12/4/1980, *Harley, R.M.* et al. 21297.

Rio de Contas: Pico das Almas. Vertente Leste. Entre Junco-Faz. Brumadinho, 11-14 Km da cidade. 17/12/1988, *Harley, R.M.* et al. 25581.

Rio de Contas: Pico das Almas. Vertente Leste. Entre Junco-Faz. Brumadinho, 10 Km ao NO da cidade. 29/10/1988, *Harley, R.M.* et al. 25754.

Rio de Contas: 4 Km ao N da cidade na estrada para o povoado de Mato Grosso. 8/11/1988, *Harley, R.M.* et al. 26004.

Rio de Contas: Pico das Almas. Vertente Leste. Vale acima da Faz. Silvina. 29/11/1988, *Harley, R.M.* et al. 26678.

Rio de Contas: Pico das Almas. Vertente Leste. Entre Junco-Faz. Brumadinho, 8-11 Km ao NO da cidade. 27/11/1988, *Harley, R.M.* et al. 27013.

Abaíra: Catolés. 20/12/1991, *Harley, R.M.* et al. *in* H 50156.

Piatã: Estrada Piatã-Abaíra, 4 km após Piatã. 7/1/1992, *Harley, R.M.* et al. *in* H 50697.

Abaíra: Base da encosta da Serra da Tromba. 2/2/1992, *Pirani, J.R.* et al. *in* H 51487.

Barreiras: 68 Km W de Barreiras. 2/11/1987, *Queiroz, L.P.* et al. 2079.

Abaíra: 9 km N de Catolés, caminho de Ribeirão de Baixo a Piatã.Encosta: subida da Serra do Atalho. 10/7/1995, *Queiroz, L.P.* et al. 4379.

Palicourea schlechtendaliana Muell.-Arg.
Bahia
   Ilhéus: Fazenda Barra do Manquinho. Ramal com entrada no Km 10 da rod. Pontal/Olivença, lado direito, 3 Km a O da Rod. 5/2/1982, *Mattos Silva, L.A.* et al. 1427.

   Santa Cruz Cabrália: Antiga rodovia que liga a Estação Ecológica de Pau Brasil a Santa Cruz Cabrália, 5-7Km ao NE da Estacao. 28/11/1979, *Mori, S.A.* et al. 13039.

Palicourea sclerophylla (Muell.-Arg.) Standl.
Bahia
   Camaçari: Na rodovia que liga a BA-099 (estrada do coco) a via Parafuso. 14/7/1983, *Pinto, G.C.P.* et al. 326.

   Mun.?: inter Campos et Vittoria. *Sellow*, SYNTYPE, Psychotria sclerophylla M. Arg..

Palicourea sellowiana DC.
unloc.
   unloc. *Sellow* 1030.

Palicourea veterinariorum Kirkbr.
Bahia
   Palmeiras: Km 232 da rodovia BR 242 para Ibotirama. Pai Inácio. 18/12/1981, *Carvalho, A.M.* et al. 984.

   Palmeiras: Pai Inácio. 26/10/1994, *Carvalho, A.M.* et al. *in* PCD 1037.

   Palmeiras: Pai Inácio. 4/1/1996, *Carvalho, A.M.* et al. *in* PCD 2152.

Palmeiras: Chapada Diamantina. 16/1/1990, *Felix, L.P.* 2724.

Palmeiras: Pai Inácio. 26/9/1994, *Giulietti, A.M.* et al. *in* PCD 811.

Palmeiras: Pai Inácio. Encosta do Morro do Pai Inácio. 30/12/1994, *Guedes, M.L.* et al. *in* PCD 1517.

Palmeiras: Pai Inácio. 30/12/1994, *Guedes, M.L.* et al. *in* PCD 1517.

Andaraí: South of Andaraí, along road to Mucugê near small town of Xique-Xique. 14/2/1977, *Harley, R.M.* et al. 18685.

Lençóis: Serra dos Lençóis, Lower slopes of Morro do Pai Inácio. ca. 145 Km Nw of Lençóis just N od the main seabra-Itaberaba road. 21/5/1980, *Harley, R.M.* et al. 22244.

Lençóis: Serra Larga (=Serra Larguinha) a Oeste de Lençóis, perto de Caeté-Acu. 19/12/1984, *Lewis, G.P.* et al. *in* CFCR 7204.

Palmeiras: Pai Inácio. 21/11/1994, *Melo, E.* et al. *in* PCD 1180.

Lençóis: Serra da Chapadinha. 29/7/1994, *Orlandi, R.* et al. *in* PCD 280.

Perama barleyi Kirkbr. & Steyerm.

Bahia

Morro do Chapéu: BR 052, 4-6 Km E de Morro do Chapéu. 18/6/1981, *Boom, B.M* et al. 1285.

Mucugê: 4Km S of Mucugê, on road from Cascavel. 6/2/1974, *Harley, R.M.* et al. 16038, ISOTYPE, Perama harleyi Kirkb. & Steyerm..

Mucugê: Serra do Sincorá, ca. 15 km NW of Mucugê on the road to Guiné & Palmeiras. 26/3/1980, *Harley, R.M.* et al. 21010.

Rio de Contas: Pico das Almas:vertente Leste. Trilho Faz.Silvina - Queiroz 30/10/1988, *Harley, R.M.* et al. 25800.

Perama hirsuta Aubl.

Bahia

Prado: 12Km ao S de Prado. Estrada para Alcobaça. 7/12/1981, *Carvalho, A.M.* et al. 920.

Rio de Contas: Beira Rio da Água Suja, próximo ao Poço do Ciência 9/8/1993, *Ganev, W.* 2079.

Belmonte: 24 Km SW of Belmonte on road to Itapebi. 24/3/1974, *Harley, R.M.* et al. 17343.

Alcobaca: Between Alcobaça and Prado, on the coast road 12km N of Alcobaça. 16/1/1977, *Harley, R.M.* et al. 17989.

Morro do Chapéu: Rio do Ferro Doido, 19,5 Km SE of Morro do Chapéu on the BA 052 highway to Mundo Novo, 31/5/1980, *Harley, R.M.* et al. 22840.

Rio de Contas: Pico das Almas:vertente Leste. Entre Junco- Faz.Brumadinho,10km ao N-O da cidade 29/10/1988, *Harley, R.M.* et al. 25742.

Barreiras: Wet campo, near Rio Piau, ca. 150 Km SW of Barreiras. 14/4/1966, *Irwin, H.S.* et al. 14841.

Prado: 12 km, ao S de Prado, estrada para Alcobaça. 7/12/1981, *Lewis, G.P.* et al. 794.

Mun.?: prope Cebulla. *Luschnath* 75.

Mun.?: in salubosis. *Salzmann* s.n.

Mun.?: inter Victoria et Bahia. 1907, *Sellow* s.n.

Abaíra: Campo do Cigano. 29/1/1992, *Stannard, B.* et al. *in* H 51105.

Abaíra: Riacho da Taquara. 14/2/1992, *Stannard, B.* et al. *in* H 52053.

Paraíba

Mamanguape: BR 101 a 5Km do acesso a Mataroca. 16/7/1988, *Felix, L.P.* et al. 1151.

Mataroca: 31/5/1987, *Felix, L.P.* et al. 1163.

Posoqueria acutifolia Mart.

Bahia

Monte Pascoal: Parque Nacional de Monte Pascoal. On NW side of Monte Pascoal at low altitude, between IBDF field hut and gates of the Parque Nacional. 12/1/1977, *Harley, R.M.* et al. 17898.

Posoqueria latifolia (Rudge) R. & S.

Bahia

Rio de Contas: Pico das Almas. Vertente Leste. Campo e mata ao NWS do campo do Queiroz. 28/11/1988, *Harley, R.M.* et al. 26654.

Rio de Contas: Pico das Almas. Vertente Leste. Campo e mata ao NWS do campo do Queiroz. 28/11/1988, *Harley, R.M.* et al. 26654.

Barreiras: Ca. 150Km SW of Barreiras. Rio Piau. 13/4/1966, *Irwin, H.S.* et al. 14765.

Mun.?: ad flumina Cururuipe et Itahybee. *Luschnath* et al. .

Cravolândia: 5 Km sul do povoado de Três Braços, ao longo do Rio Piabanha. Ilhas do rio. 29/5/1994, *Melo, E.* et al. 1047.

Mucuri: Area de Restinga com algumas manchas de Campos, a 7 km NW de Mucuri. 14/7/1978, *Mori, S.A.* et al. 10490.

Alcobaca: Rodovia BR 255, ca. 6 Km a NW de Alcobaça. 17/9/1978, *Mori, S.A.* et al. 10620.

Abaíra: Campo de Ouro Fino (baixo). 26/1/1992, *Pirani, J.R. in* H 51014.

Paraíba

Areia: Mata do CCA. 17/10/1988, *Ramalho, F.C.* 18.

Pernambuco

Brejo da Madre de Deus: Mata do Bituri 18/8/1999, *Silva, A.G.* et al. 122.

Posoqueria macropus Mart.

Bahia

Itacaré: Ca. 1Km S de Itacaré, beira-mar. 7/6/1978, *Mori, S.A.* et al. 10148.

Itacaré: Ca. 1Km S de Itacaré, beira-mar. 8/2/1979, *Mori, S.A.* et al. 11494.

Psychotria appendiculata Muell.-Arg.

Pernambuco

Belo Jardim: Sitio Cana Brava. 14/8/1988, *Felix, L.P.* 1734.

Psychotria astrellantha Wernh.

Bahia

Cachoeira: 2Km N de Cachoeira. 3/12/1992, *Arbo, M.M.* et al. 5537.

Cachoeira: 2Km N de Cachoeira. 3/12/1992, *Arbo, M.M.* et al. 5537.

Monte Pascoal: Parque Nacional de Monte Pascoal. on the NW side of Monte Pascoal, at low altitude. 11/1/1977, *Harley, R.M.* et al. 17825.

Caatiba: Rodovia Ba-265, trecho Caatiba/Barra do Choca a 6Km a W de caatiba. 15/3/1979, *Mori, S.A.* et al. 11582.

Feira de Santana: Serra de São Jose. Fazenda Boa Vista. 28/1/1993, *Queiroz, L.P.* et al. 3051.

Psychotria bahiensis DC.
Alagoas
    Penedo: Rio São Francisco, near Piacabassu. 3/1838, *Gardner* 1339, SYNTYPE, Psychotria cuspidata var. compacta Muell.Arg..
    Maceió: 15Km E de Boca da Mata. 30/1/1982, *Kirkbride. J.H.* 4611.
Bahia
    unloc. s. coll. s.n.
    Buerarema: Estrada Buerarema-Pontal de Ilhéus. 21/7/1980, *Carvalho, A.M.* et al. 297.
    Abaíra: Estrada Catolés-Barra, Samambaia. 20/11/1992, *Ganev, W.* 1522.
    Abaíra: Mata do Engenho, beira da mata em brejo. 24/11/1992, *Ganev, W.* 1549.
    unloc. 1/1841, *Gardner* 5493.
    Belmonte: Ca. 26km SW of Belmonte along road to Itapebi, and 4Km along side road towards the sea. 25/3/1974, *Harley, R.M.* et al. 17405.
    Itabuna: 65Km NE of Itabuna, at the mouth of the Rio de Contas on the N bank opposite Itacaré. 1/4/1974, *Harley, R.M.* et al. 17610.
    Itacaré: Ca. 6Km Sw of Itacaré, on side road south from the main Itacaré-Ubaitaba road, south of the mouth of the Rio de Contas. 29/1/1977, *Harley, R.M.* et al. 18380.
    Itabuna: 65Km NE of Itabuna, at the mouth of the Rio de Contas on the N bank opposite Itacaré. 30/1/1977, *Harley, R.M.* et al. 18394.
    Itabuna: 65Km NE of Itabuna, at the mouth of the Rio de Contas on the N bank opposite Itacaré. 30/1/1977, *Harley, R.M.* et al. 18410.
    Maraú: Ca. 5Km Se of Maraú near junction with road to campinho. 14/5/1980, *Harley, R.M.* et al. 22027.
    Maraú: Coastal Zone, just S of Maraú. 15/5/1980, *Harley, R.M.* et al. 22125.
    Abaíra: Arredores de Catolés, na estrada para Guarda Mor. 27/12/1988, *Harley, R.M.* et al. *in* H 27822.
    Abaíra: Arredores de Catolés. 24/12/1991, *Harley, R.M.* et al. *in* H 50320.
    Abaíra: Salão, 9 km de Catolés na estrada para Inúbia. 28/12/1991, *Harley, R.M.* et al. *in* H 50530.
    Nova Viçosa: Costa Atlantica. 8/12/1894, *Hatschbach, G.* et al. 48738.
    Abaíra: Brejo do Engenho. 27/12/1992, *Hind, D.J.N.* et al. *in* H 50483.
    Maracás: Rod. Ba-250, Faz. dos Passaros a 24 km a E de Maracás. 4/5/1979, *Mori, S.A.* et al. 11779.
    Maraú: Rod. Br 030, trecho Ubaitaba/Maraú, 45-50 km a leste de Ubaitaba. 12/6/1979, *Mori, S.A.* 11956.
    Ilhéus: 9/1892, *Riedel* 638, SYNTYPE, Psychotria cuspidata var. compacta Muell.-Arg..
    Mun.?: in sallubris aridis. *Salzmann*, ISOTYPE, Psychotria bahiensis DC..
    Mun.?: in sallubris aridis. *Salzmann*, ISOTYPE, Psychotria bahiensis DC..
    unloc. *Sellow* s.n.
    unloc. *Sellow* s.n.
    Abaíra: Estrada Catolés-Abaíra, 7 km de Catolés, Mata do Criminoso. 26/2/1992, *Stannard, B.* et al. *in* H 51622.
    Abaíra: Engenho dos Vieiras, beira do Rio do Calado. 16/3/1992, *Stannard, B.* et al. *in* H 51959.
Paraíba
    Areia: Mata de Pau Ferro, picada dos postes, transação2. 27/12/1980, *Fevereiro, V.P.B.* et al. *in* M 397.
    Areia: Mata de Pau Ferro, picada dos postes, transação2. 27/12/1980, *Fevereiro, V.P.B.* et al. *in* M 397.
    Santa Rita: Estrada para João Pessoa (BR-230). 9/1/1981, *Fevereiro, V.P.B.* et al. *in* M 512.
Pernambuco
    Pesqueira: Serra do Oroba, Faz. São Francisco. 4/4/1995, *Correia, M.* 166.
    Floresta: Inaja, Reserva Biológica de Serra Negra. 8/3/1995, *Oliveira, M.* et al. 2.
    Floresta: Distrito de Inajá. Reserva Biológica de Serra Negra. 16/9/1996, *Rodal, M.J.N.* 483.
    Floresta: Distrito de Inajá. Reserva Biológica de Serra Negra. 22/7/1995, *Rodal, M.J.N.* 638.
    Floresta: Inaja, Reserva Biológica de Serra Negra. 26/8/1994, *Sales de Melo, M.R.C.* 331.
    Floresta: Inaja, Reserva Biológica de Serra Negra. 8/3/1995, *Sales de Melo, M.R.C.* et al. 536.
    Floresta: Inaja, Reserva Biológica de Serra Negra. 4/6/1995, *Sales de Melo, M.R.C.* et al. 606.
    Floresta: Inaja, Reserva Biológica de Serra Negra. 4/6/1995, *Sales de Melo, M.R.C.* et al. 617.
    Floresta: Inaja, Reserva Biológica de Serra Negra. 9/3/1995, *Silva, D.C.* et al. 38.
    Inajá: Reserva Biológica de Serra Negra. 14/9/1995, *Silva, E.L.* et al. 82.
    Inajá: Reserva Biológica de Serra Negra. 15/9/1995, *Silva, E.L.* et al. 94.
    Floresta: Inaja, Reserva Biológica de Serra Negra. 20/7/1995, *Silva, L.F.* et al. 25.
    Inajá: Reserva Municipal de Inaja. 14/2/1996, *Silva, L.F.* et al. 144.
    Brejo da Madre de Deus: Fazenda Buriti. 25/5/1995, *Souza, G.M.* et al. 105.
    Inajá: Reserva Biológica de Serra Negra. 14/9/1995, *Tscha, M.C.* et al. 220.
    Inajá: Reserva Biológica de Serra Negra. 14/9/1995, *Tscha, M.C.* et al. 222.
    Floresta: Inaja, Reserva Biológica de Serra Negra. 8/3/1995, *Villarouco, F.A.* et al. 15.
unloc.
    unloc. *Gardner* 1339.

Psychotria barbiflora DC.
[Goias]
    unloc. *Pohl* 798.
Bahia
    unloc. s. coll. s.n.
    Porto Seguro: Reserva Biológica do Pau Brasil (CEPLAC) 17Km W from Porto Seguro on road to Eunápolis. 20/1/1977, *Harley, R.M.* et al. 18146.
    Mun.?: In sylvis. *Salzmann*, ISOTYPE, Psychotria barbiflora DC..
    Mun.?: In sylvis. *Salzmann*, ISOTYPE, Psychotria barbiflora DC..
Pernambuco
    unloc. 1838, *Gardner* s.n.

unloc.
    unloc. 1866, *Blanchet* s.n.
    unloc. *Swainson* s.n.
Psychotria bracteocardia (DC.) Muell.-Arg.
Bahia
    Maraú: Coastal Zone, ca. 5 Km SE de Maraú near junction with road to Campinho. 15/5/1980, *Harley, R.M.* et al. 22090.
    Ilhéus: *Moricand* s.n.
    Camaçari: Oeste da BR 101, ca. 10 Km Norte da BR 324. 14/9/1984, *Noblick, L.R.* et al. 3397.
    Ilhéus: in sylvis Ilhéus. 6/1821, *Riedel* 321.
    Mun.?: in collibus umbrosis. *Salzmann*, ISOTYPE, Cephaelis bracteocardia DC..
    Mun.?: in collibus umbrosis. 1831, *Salzmann*, ISOTYPE, Cephaelis bracteocardia DC..
Ceará
    Mun.?: Serra do Araripe, bei Grangeiro. 14/11/1976, *Bogner* 1206.
    Mun.?: Serra do Araripe. 9/1839, *Gardner* 1690.
    Mun.?: Serra do Araripe. 1/1839, *Gardner* 1962, ISOTYPE, Psychotria glabrescens Muell.-Arg..
Psychotria capitata R.& P.
Bahia
    Rio de Contas: Carrapato, Rio Água Suja. 14/11/1993, *Ganev, W.* 2484.
    Agua Quente: Pico das Almas. Vale ao NO da Serra do Pau Queimado. próximo da casa Folheta. 11/12/1988, *Harley, R.M.* et al. 27202.
    Agua Quente: Pico das Almas. Vertente ao Oeste. Entre Paramirim das Crioulas e a face NW do pico. 17/12/1988, *Harley, R.M.* et al. 27594.
Pernambuco
    unloc. 1839, *Gardner* 1039.
    unloc. 1872, *Preston, T.A.* s.n.
Psychotria carthagenensis Jacq.
Bahia
    Ilhéus: Centro de Pesquisas do Cacau. Reserva Botânica da quadra D. CEPEC. 8/7/1980, *Carvalho, A.M.* et al. 268.
    Ilhéus: Centro de Pesquisas do Cacau. Reserva Botânica da quadra D. CEPEC. 8/7/1980, *Carvalho, A.M.* et al. 274.
    Maçapê: 12/1838, *Gardner* 1965.
    Palmeiras: Pai Inácio, próximo a BR 142. 12/3/1997, *Gasson, P.* et al. 6195.
    Lençóis: Serra da Chapadinha, ao longo do corrego Cercado, na margem do rio. 6/2/1995, *Giulietti, A.M.* et al. *in* PCD 1615.
    Lençóis: Serra da Chapadinha, ao longo do corrego Cercado, na margem do rio. 6/2/1995, *Giulietti, A.M.* et al. *in* PCD 1615.
    Lençóis: Serra da Chapadinha, ao longo do corrego Cercado, na margem do rio. 6/2/1995, *Giulietti, A.M.* et al. *in* PCD 1615.
    unloc. 1842, *Glocker* 46.
    Palmeiras: Pai Inácio, caminho para o cercado. 29/6/1995, *Guedes, M.L.* et al. *in* PCD 1992.
    Palmeiras: Pai Inácio, caminho para o cercado. 29/6/1995, *Guedes, M.L.* et al. *in* PCD 1992.
    Porto Seguro: Pau Brasil Biological Reserve, 17Km West from Porto Seguro on road to Eunápolis. 19/3/1974, *Harley, R.M.* et al. 17178.

Itacaré: Ca. 5Km SW of Itacaré. On side road south from the main Itacaré-Ubaitaba road. South of the mouth of the Rio de Contas. 30/3/1974, *Harley, R.M.* et al. 17517.
Itacaré: Near the mouth of the Rio de Contas. 31/3/1974, *Harley, R.M.* et al. 17548.
Monte Pascoal: Parque Nacional de Monte Pascoal. On NW side of Monte Pascoal at low altitude, between IBDF field hut and gates of the Parque Nacional. 13/1/1977, *Harley, R.M.* et al. 17892.
Itacaré: Near the mouth of the Rio de Contas. Coastal evergreen forest with disturbed margins, rocks by the sea and semi-cultivated ground with sandy area. 28/1/1977, *Harley, R.M.* et al. 18315.
Correntina: Chapadão Ocidental da Bahia. Islets and banks of the Rio Corrente by Correntina. 23/4/1980, *Harley, R.M.* et al. 21673.
Mucuri: Rod. Br-101, rio Mucuri. 9/12/1984, *Hatschbach, G.* et al. 48764.
Ilhéus: Estrada que liga Olivença a Vila Brasil, 9Km ao Sudoeste de Olivença. 16/2/1982, *Mattos Silva, L.A.* et al. 1519.
Jacobina: Oeste de Jacobina. Serra do Tombador, estrada para Lagoa Grande. 23/12/1984, *Mello-Silva, R.* et al. *in* CFCR 7463.
Santa Cruz Cabrália: A 5Km a W de Sta. Cruz. 6/7/1979, *Mori, S.A.* et al. 12146.
Una: Estrada que liga BR 101 (São Jose) com BA 265, a 17 Km da primeira. 27/9/1979, *Mori, S.A.* et al. 12815.
Santo Antônio de Jesus.: Rodovia São Miguel das Matas e Amargosa a 7Km do trevo com a BR 101. 30/1/1993, *Pirani, J.R.* et al. 2719.
Castro Alves: Serra da Jibóia (=Serra da Pioneira), ca. 10 Km do povoado de Pedra Branca. 7/5/1993, *Queiroz, L.P.* et al. 3156.
Ilhéus: in collibus prope Ilhéus 5/1821, *Riedel* 349, ISOTYPE, Mapourea compaginata Muell.-Arg..
Mun.?: Almada. 9/1892, *Riedel* 478, ISOTYPE, Mapouria riedeliana Muell.-Arg..
Mun.?: in convallibus, *Salzmann*, ISOTYPE, Palicourea chionantha DC..
Mun.?: in convallibus, *Salzmann*, ISOTYPE, Palicourea chionantha DC..
unloc. *Sellow* s.n.
Ceará
    Maranguape: Serra de Maranguape 6/1/1992, *Felix, L.P.* et al. 4660.
Pernambuco
    Caruaru: Faz. Caruaru. 15/5/1988, *Felix, L.P.* et al. 1127.
    São Vicente Ferrer: Mata do Estado. 26/6/1998, *Ferraz, E.* et al. 334.
    Brejo da Madre de Deus: Mata do Bituri 15/5/1999, *Nascimento, L.* et al. 222.
    Brejo da Madre de Deus: Mata da Rita 14/9/1999, *Oliveira, C.A.* et al. 11.
    Caruaru: Distrito de Murici, Brejo dos Cavalos. 11/9/1995, *Sales de Melo, M.R.C.* et al. 163.
    Caruaru: Murici, Brejo dos Cavalos. Parque Ecológico Municipal. 12/8/1994, *Sales de Melo, M.R.C.* 263.
    Caruaru: Murici, Brejo dos Cavalos. Parque Ecológico Municipal. 13/8/1994, *Sales de Melo, M.R.C.* 299.

Caruaru: Murici, Brejo dos Cavalos. Parque Ecológico Municipal. 25/5/1995, *Tscha, M.C.* et al. 106.

Caruaru: Murici, Brejo dos Cavalos. 3/11/1995, *Tscha, M.C.* et al. 327.

Piauí

unloc. 8/1839, *Gardner* 2640.

unloc. 8/1839, *Gardner* 2640.

unloc.

unloc. *Sellow* s.n.

unloc. *Sellow* 1026.

unloc. *Sellow* 4429.

unloc. *Vauthier* 217.

Psychotria cephalantha (Muell.-Arg.) Standl.

Bahia

Santa Cruz Cabrália: Antiga rodovia que liga a Estação Ecológica de Pau Brasil a Santa Cruz Cabrália, 5-7Km ao NE da Estacao. 5/7/1979, *Mori, S.A.* et al. 12094.

Psychotria chaenotricha DC.

Bahia

Salvador: Dunas de Itapuã, próximo a rótula do aeroporto. 12/2/1987, *Queiroz, L.P.* 1417.

Castro Alves: Serra da Jibóia (=Serra da Pioneira). 22/12/1992, *Queiroz, L.P.* et al. 2997.

Feira de Santana: Serra do São Jose, Fazenda Boa Vista. 28/1/1993, *Queiroz, L.P.* et al. 3051.

Mun.?: In sabulosis aridis. *Salzmann*, ISOTYPE, Psychotria chaenotricha DC..

Mun.?: Inter Vitoria et Bahia. *Sellow* 1028.

Psychotria colorata (Roem. & Schult.) Muell.-Arg.

Paraíba

Areia: Mata de Pau Ferro. 23/11/1980, *Fevereiro, V.P.B.* et al. *in* M 96.

Psychotria deflexa DC.

Bahia

Monte Pascoal: Parque Nacional de Monte Pascoal. On the NW of Monte Pascoal, at low altitude. 11/1/1977, *Harley, R.M.* et al. 17838.

Ilhéus: Estrada que liga a EstaçãoHidromineral de Olivença ao Povoado de Vila Brasil, 5Km ao Sudoeste de Olivença. 8/2/1982, *Mattos Silva, L.A.* et al. 1494.

Uruçuca: Estrada que liga Uruçuca/Serra Grande, a 28-30 Km a NRE de Uruçuca. 9/6/1979, *Mori, S.A.* 11907.

Ilhéus: Estrada entre Sururu e Vila Brasil, a 6-14Km de Sururu. 1 12-20Km ao SE de Buerarema. Ca. 100 m de altitude. 27/10/1979, *Mori, S.A.* et al. 12873.

Pernambuco

Bonito: Reserva Ecológica de Bonito. 18/9/1995, *Andrade, I.M.* et al. 150.

Bonito: Reserva Municipal de Bonito. 18/9/1995, *Henrique, V.V.* et al. 29.

Caruaru: Murici, Brejo dos Cavalos. Parque Ecológico Municipal. 8/10/1994, *Mayo, S.* et al. 1005.

Caruaru: Brejo dos Cavalos, Fazenda Caruaru. 10/10/1994, *Mayo, S.* et al. 1043.

Caruaru: Murici, Brejo dos Cavalos. 3/8/1995, *Sales de Melo, M.R.C.* 141.

Caruaru: Distrito de Murici, Brejo dos Cavalos. 11/9/1995, *Sales de Melo, M.R.C.* et al. 155.

Caruaru: Distrito de Murici, Brejo dos Cavalos. 11/9/1995, *Sales de Melo, M.R.C.* et al. 227.

Caruaru: Brejo dos Cavalos, Fazenda Caruaru. 11/8/1994, *Sales de Melo, M.R.C.* et al. 239.

Caruaru: Distrito de Murici, Brejo dos cavalos. 4/9/1995, *Tscha, M.C.* et al. 182.

unloc.

unloc. *Vauthier* 96, ISOTYPE, Psychotria vauthieri Muell.-Arg..

Psychotria erecta (Aubl.) Standl. & Steyerm.

Bahia

Ilhéus: 20km N along the road from Una to Ilhéus. 23/1/1977, *Harley, R.M.* et al. 18188.

Ilhéus: Fazenda Barra do Manguinho. Ramal com entrada no km 10 da Rod. Pontal/Olivença, lado direito, 3Km a O da rodovia. 5/2/1982, *Mattos Silva, L.A.* et al. 1419.

Psychotria exannulata Muell.-Arg.

Bahia

Mun.?: Inter Campus et Vittoria. *Sellow*, SYNTYPE, Psychotria exannulata Muell.-Arg..

Psychotria hastisepala Muell.-Arg.

Bahia

Una: 20km N along the road from Una to Ilhéus. 23/1/1977, *Harley, R.M.* et al. 18186.

Psychotria hoffmannseggiana (Roem. & Schult.) Muell.-Arg.

Bahia

Palmeiras: Morro do Pai Inácio. 25/10/1994, *Carvalho, A.M.* et al. *in* PCD 948.

Lençóis: Serra da Chapadinha. cercado, margem esquerda do corrego Água Doce. Fazenda Sra. Helena. 28/4/1995, *Costa, J.* et al. *in* PCD 1898.

Lençóis: Serra da Chapadinha. Ao longo do corrego Chapadinha. 6/2/1995, *Giulietti, A.M.* et al. *in* PCD 1593.

Lençóis: Serra da Chapadinha. 30/6/1995, *Guedes, M.L.* et al. *in* PCD 2055.

Itabuna: 65Km NE of Itabuna, at the mouth of the Rio de Contas on the N bank opposite Itacaré. 30/1/1977, *Harley, R.M.* et al. 18421.

Andaraí: 15-20Km from Andaraí, along the road to Itaetê which branches East off the road to Mucugê. 13/2/1977, *Harley, R.M.* et al. 18638.

Mucugê: Serra do Sincorá, 6Km N of cascavel on the road to Mucugê. 25/3/1980, *Harley, R.M.* et al. 20937.

Lençóis: Serra dos Lençóis. Ca. 7Km NE of Lençóis, and 3Km S of the main Seabra-Itaberaba. 23/5/1980, *Harley, R.M.* et al. 22431.

Barreiras: Rio Piau, ca. 150Km SW de Barreira. 13/4/1966, *Irwin, H.S.* et al. 14771, ISOTYPE, Psychotria hoffmannseggiana (R.& S.) Muell.-Arg..

Lençóis: Serra da Chapadinha. Entre Chapadinha e Brejoes. 21/2/1995, *Melo, E.* et al. *in* PCD 1635.

Abaíra: Base da encosta da Serra da Tromba. 2/2/1992, *Pirani, J.R.* et al. *in* H 51463.

Amelia Rodrigues: 4 Km SE de Amelia Rodrigues. 20/3/1987, *Queiroz, L.P.* et al. 1463.

Ceará

Maranguape: Serra de Maranguape. 6/1/1992, *Felix, L.P.* et al. 4678.

Paraíba

Areia: Mata de Pau Ferro. 5/9/1980, *Fevereiro, V.P.B.* et al. *in* M 35.

Areia: Mata de Pau Ferro. 23/11/1980, *Fevereiro, V.P.B.* et al. *in* M 99.
Pernambuco
São Vicente Ferrer: Mata do Estado. 31/10/1995, *Lucena, M.F.A.* et al. 60.
Bonito: Reserva Municipal de Bonito. 8/5/1995, *Oliveira, M.* et al. 39.
Bonito: Reserva Municipal de Bonito. 12/9/1995, *Sales de Melo, M.R.C.* et al. 166.
Bonito: Reserva Municipal de Bonito. 12/9/1995, *Sales de Melo, M.R.C.* et al. 246.
Bonito: Reserva Municipal de Bonito. 15/3/1995, *Souza, G.M.* et al. 82.
São Vicente Ferrer: Mata do Estado. 18/4/1995, *Souza, G.M.* et al. 94.
Bonito: Reserva Municipal de Bonito. 18/9/1995, *Souza, G.M.* et al. 155.
Brejo da Madre de Deus: Fazenda Buriti. 24/5/1995, *Villarouco, F.A.* et al. 69.
Bonito: Reserva Municipal de Bonito. 18/9/1995, *Villarouco, F.A.* et al. 118.

Psychotria inaequifolia Muell.-Arg.
Bahia
Ilhéus: 9/1892, *Riedel* 768, ISOTYPE, Psychotria inae-quifolia Muell.-Arg..

Psychotria iodotricha Muell.-Arg.
Bahia
Monte Pascoal: Parque Nacional de Monte Pascoal, on the NW side of Monte Pascoal, at low altitude. 11/1/1977, *Harley, R.M.* et al. 17826.
Una: Reserva Florestal da Estaçãode Canavieiras, Km 40 da rodovia Una/Sta Luzia. 20/10/1987, *Santos, E.B.* et al. 90.

Psychotria ipecacuanha (Brot.) Standl.
Bahia
Ilhéus: in sylvis umbrosis. 1837, *Riedel* 324.

Psychotria jambosioides Schltdl.
Bahia
unloc. s. coll. s.n.
Buerarema: 14/1/1990, *Felix, L.P.* 2691.
Maraú: Rod. Br-030, trecho Porto de Campinhos-Maraú, km 11. 26/2/1980, *Harley, R.M.* et al. 209.
Belmonte: Ca. 26Km SW of Belmonte along road to Itapebi, and 4Km along side road towards the sea. 25/3/1974, *Harley, R.M.* et al. 17411.
Belmonte: Ca. 26Km SW of Belmonte along road to Itapebi, and 4Km along side road towards the sea. 25/3/1974, *Harley, R.M.* et al. 17411.
Itabuna: 65Km NE of Itabuna, at the mouth of the Rio de Contas on the N bank opposite Itacaré. 1/4/1974, *Harley, R.M.* et al. 17611.
Porto Seguro: Reserva Biológica do Pau Brasil (CEPLAC), 17Km W from Porto Seguro on road to Eunápolis. 20/1/1977, *Harley, R.M.* et al. 18108.
Una: 13Km N along road from Una to Ilhéus. 23/1/1977, *Harley, R.M.* et al. 18172.
Maraú: Just S of Maraú. 15/5/1980, *Harley, R.M.* et al. 22112.
Maraú: Just S of Maraú. 15/5/1980, *Harley, R.M.* et al. 22112.
Maraú: Coastal Zone, near Maraú. Low forest and open sedge meadow on sand. 16/5/1980, *Harley, R.M.* et al. 22149.

Maraú: Coastal Zone, near Maraú. Low forest and open sedge meadow on sand. 16/5/1980, *Harley, R.M.* et al. 22149.
Cairu: Ilha Morro do São Paulo, Caminho entre Mangabeira e Gamboa. 4/10/1996, *Harley, R.M.* et al. 28431.
Una: Rod. Ba-001, 8-10Km N de Una. 12/4/1992, *Hatschbach, G.* et al. 57018.
Una: Ca. 50Km S of Ilhéus on road to Una. 15/2/1992, *Hind, D.J.N.* et al. 44.
Iracema: Regiao da Serra do Sincorá. 2/1943, *Lemos Froes, R.* 20190.
Maraú: Rod. Br-030, trecho Ubaitaba/Maraú, 45-50km a leste de Ubaitaba. 12/6/1979, *Mori, S.A.* et al. 11933.
Ilhéus: In sylvis maritimus. 10/1821, *Riedel* 609.
unloc.
unloc. 15/11/1907, *Sellow* 28, SYNTYPE, Psychotria jambosioides Schlc..

Psychotria leiocarpa Cham. & Schltdl.
Bahia
Abaíra: Caminho Guarda-Mor to Frios. 11/4/1994, *Ganev, W.* 3059.
Monte Pascoal: Parque Nacional de Monte Pascoal. On NW side of Monte Pascoal at low altitude, between IBDF field hut and gates of the Parque Nacional. 13/1/1977, *Harley, R.M.* et al. 17888.
Rio de Contas: Pico das Almas. 21/2/1987, *Harley, R.M.* et al. 24533.
Rio de Contas: Pico das Almas. vertente Leste. Extremo norte do campo do Queiroz. 22/12/1988, *Harley, R.M.* et al. 27425.
Lençóis: Serra Larga ("Serra Larguinha") a Oeste de Lençóis, perto de Caeté-Acu. 19/2/1984, *Mello-Silva, R.* et al. *in* CFCR 7252.
Abaíra: Riacho da Taquara. 13/2/1992, *Queiroz, L.P.* et al. *in* H 51539.
Abaíra: Tijuquinho. 26/2/1992, *Sano, P.T.* et al. *in* H 52354.
Abaíra: Tijuquinho. 21/2/1992, *Stannard, B.* et al. *in* H 52134.
Ceará
Maranguape: Serra de Maranguape. *Felix, L.P.* et al. 4672.
unloc.
unloc. *Gardner* 453.
unloc. 1841, *Miers* 2751.
unloc. 1841, *Miers* 4121.
unloc. 1837, *Pohl* 846.
unloc. 1837, *Pohl* 846.
unloc. *Sellow* 113.

Psychotria malaneoides Muell.-Arg.
Bahia
unloc. *Pohl* 996.
unloc. *Sellow*, ISOTYPE, Psychotria malaneoides Muell.-Arg..

Psychotria megalocalyx Muell.-Arg.
Bahia
Ilhéus: silvis prope Ilhéus. 9/1892, *Luschnath* 394, ISOTYPE, Suteria macrocalyx Martius.
unloc.
unloc. 9/1892, *Riedel* 117.

Psychotria minutiflora Muell.-Arg.

Bahia
   [Ilhéus]: Castelnovo, *Blanchet* 642, ISOTYPE,
   Psychotria riedeliana Muell.-Arg..
   unloc. *Blanchet* 3982, SYNTYPE, Psychotria minuti-
   flora Muell.-Arg..
Psychotria nudiceps Standl.
Bahia
   Itacaré: Ca. 5Km Sw of Itacaré, on side road south
   from the main Itacaré-Ubaitaba road. South of the
   mouth of the Rio de Contas. 30/3/1974, *Harley,
   R.M.* et al. 17507.
Psychotria phyllocalymmoides Muell.-Arg.
Bahia
   Porto Seguro: Pau Brasil Biological Reserve, 17Km W
   from Porto Seguro on road to Eunápolis.
   12/2/1974, *Harley, R.M.* et al. 16134.
   Porto Seguro: Pau Brasil Biological Reserve, 17Km W
   from Porto Seguro on road to Eunápolis.
   19/3/1974, *Harley, R.M.* et al. 17164.
   Porto Seguro: Pau Brasil Biological Reserve, 17Km W
   from Porto Seguro on road to Eunápolis.
   19/3/1974, *Harley, R.M.* et al. 17164.
Psychotria platypoda DC.
Bahia
   Porto Seguro: Pau Brasil Biological Reserve, 17 Km
   West from Porto Seguro on road to Eunápolis.
   19/3/1974, *Harley, R.M.* et al. 17165.
   Itacaré: Ca. 5Km SW of Itacaré. On side road south
   from the main Itacaré-Ubaitaba road. South of the
   mouth of the Rio de Contas. 30/3/1974, *Harley,
   R.M.* et al. 17495.
   Monte Pascoal: Parque Nacional de Monte Pascoal.
   On the NW of Monte Pascoal, at low altitude.
   11/1/1977, *Harley, R.M.* et al. 17828.
   Monte Pascoal: Parque Nacional de Monte Pascoal.
   On the NW of Monte Pascoal, at low altitude.
   11/1/1977, *Harley, R.M.* et al. 17828.
   Porto Seguro: Parque Nacional de Monte Pascoal.
   20/9/1989, *Hatschbach, G.* et al. 53501.
   Ilhéus: *Martius* 618, SYNTYPE, Psychotria martiana
   Muell.-Arg..
   Vera Cruz: Ilha de Itaparica. Estrada Coroa-Baiacu.
   1/4/1994, *Melo, E.* et al. 965.
   Vera Cruz: Ilhaa de Itaparica. Estrada Coroa-Baiacu.
   1/4/1994, *Melo, E.* et al. 965.
   Cravolândia: 5 Km leste do povoado de Três Braços.
   Estrada para Cocão. 28/5/1994, *Melo, E.* et al.
   1029.
   Santa Cruz Cabrália: Estação Ecológica do Pau-Brasil
   e arredores, ca. de 16 km a W de Porto Seguro.
   21/3/1978, *Mori, S.A.* et al. 9776.
   Maraú: Rod. Br 030, trecho Ubaitaba/Maraú, km 15.
   5/2/1979, *Mori, S.A.* et al. 11339.
   Itacaré: Rodovia Ba 654, km 6 ao oeste de Itacaré.
   12/4/1980, *Plowman, T.* et al. 10086.
   Santa Cruz Cabrália: Estação Ecológica Pau Brasil,
   14Km NW of the Porto Seguro. 29/7/1984,
   Webster, G.L. 25102.
Pernambuco
   Caruaru: Murici, Brejo dos Cavalos. Parque Ecológico
   Municipal. 8/10/1994, *Mayo, S.* et al. 1004.
   Caruaru: Murici, Brejo dos Cavalos. 11/9/1995, *Sales
   de Melo, M.R.C.* et al. 161.

Caruaru: Distrito de Murici, Brejo dos Cavalos,
   Parque Ecológico Municipal. 11/8/1994, *Sales de
   Melo, M.R.C.* et al. 238.
Bonito: Reserva Ecológica Municipal da Prefeitura de
   Bonito. Fazenda Murici. 22/9/1994, *Sales de Melo,
   M.R.C.* et al. 395.
Caruaru: Murici, Brejo dos Cavalos. 3/11/1995, *Silva,
   L.F.* et al. 84.
Caruaru: Murici, Brejo dos Cavalos. Parque Ecológico
   Municipal. 25/5/1995, *Tscha, M.C.* et al. 101.
unloc.
   unloc. *Pohl* 799.
Psychotria racemosa (Aubl.) Raeusch.
Bahia
   Porto Seguro: Rodovia Eunápolis-Porto Seguro (Br
   367), km 14. 4/11/1983, *Callejas, R.* et al. 1642.
   Buerarema: Estrada Buerarema-Pontal de Ilhéus.
   21/7/1980, *Carvalho, A.M.* et al. 293.
   Itacaré: Ramal da Torre da Embratel, com entrada no
   Km 15 da rod. Ubaitaba/Itacaré (Br 654), a 5,8Km
   da entrada. 6/6/1978, *Mori, S.A.* et al. 10115.
Psychotria schlechtendaliana Muell.-Arg.
Bahia
   Santa Teresinha: Serra da Jibóia. 24/9/1996, *Harley,
   R.M.* et al. 28413.
   Santa Cruz Cabrália: Km 5 da estrada antiga que liga
   a Estação Ecológica do Pau Brasil/Sta Cruz
   Cabrália, com entroncamento no Km 17 da rod.
   Porto Seguro/Eunápolis. 11/12/1991, *Sant'Ana,
   S.C.* et al. 48.
   Porto Seguro: Reserva Florestal Pau Brasil do CEPEC-
   CEPLAC, 15 Km W de Porto Seguro on BR 367 to
   Eunápolis. 20/2/1988, *Thomas, W.W.* et al. 6040.
Ceará
   unloc. 1928, *Bolland, B.G.C.* 33.
   Mun.?: Serra de Maranguape. 6/1/1992, *Felix, L.P.* et
   al. 4677.
   Mun.?: Serra de Maranguape. 11/1910, *Ule, E.* 9117.
Pernambuco
   Caruaru: Distrito de Murici, Brejo dos cavalos.
   6/10/1995, *Andrade, I.M.* et al. 176.
   Brejo da Madre de Deus: Fazenda Buriti. 16/3/1996,
   Lira, S.S. 151.
   Caruaru: Brejo dos Cavalos, Fazenda Caruaru.
   2/12/1994, *Sales de Melo, M.R.C.* et al. 462.
   Caruaru: Distrito de Murici, Brejo dos cavalos.
   4/9/1995, *Silva, E.L.* et al. 70.
   Brejo da Madre de Deus: Fazenda Buriti. 28/3/1996,
   Silva, L.F. et al. 194.
   Caruaru: Murici, Brejo dos cavalos. 19/10/1996,
   Tscha, M.C. et al. 309.
   Caruaru: Murici, Brejo dos Cavalos, Parque Ecológico
   Municipal. 4/4/1995, *Villarouco, F.A.* et al. 34.
   Brejo da Madre de Deus: Fazenda Buriti. 24/5/1995,
   Villarouco, F.A. et al. 72.
Psychotria sessilis (Vell.) Muell.-Arg.
Bahia
   Abaíra: Mata do Bem Querer, Beira do Córrego do
   Tijuquinho. 14/11/1992, *Ganev, W.* 1434.
   Barra do Choça: Ca. 12 Km Se of Barra do Choça on
   the road to Itapetinga. 30/3/1977, *Harley, R.M.* et
   al. 20167.
   Barra da Estiva: Serra do Sincorá. Barra da Estiva on
   the capao da volta road. 22/3/1980, *Harley, R.M.*
   et al. 20706.

Caatiba: Rod. Ba-265, trecho Caatiba/Barra do Choca,
a 27 km NW de Caatiba. 3/3/1978, *Mori, S.A.* et al.
9401.

Pernambuco

Caruaru: Distrito de Murici, Brejo dos Cavalos.
6/10/1995, *Andrade, I.M.* et al. 175.

Caruaru: Murici, Brejo dos Cavalos. Parque Ecológico
Municipal. 25/3/1994, *Borges, M.* et al. 26.

Caruaru: Murici, Brejo dos Cavalos. Parque Ecológico
Municipal. 25/2/1994, *Costa e Silva, M.B.* s.n.

Caruaru: Murici, Brejo dos Cavalos. Parque Ecológico
Municipal. 25/2/1994, *Costa e Silva, M.B.* s.n.

Caruaru: Distrito de Murici, Brejo dos Cavalos.
4/9/1995, *Inacio, E.* et al. 63.

Caruaru: Murici, Brejo dos Cavalos. 3/11/1995,
Inacio, E. 124.

Brejo da Madre de Deus: Fazenda Buriti. 28/3/1996,
Lira, S.S. et al. 162.

Caruaru: Distrito de Murici, Brejo dos Cavalos.
4/9/1995, *Oliveira, M.* et al. 61.

Caruaru: Murici, Brejo dos Cavalos. Parque Ecológico
Municipal. 12/8/1994, *Sales de Melo, M.R.C.* 265.

Brejo da Madre de Deus: Faz. Buriti. 25/6/1995,
Silva, D.C. et al. 57.

Caruaru: Distrito de Murici, Brejo dos Cavalos.
4/9/1995, *Silva, E.L.* et al. 71.

Caruaru: Murici, Brejo dos Cavalos. Parque Ecológico
Municipal. 29/2/1996, *Silva, L.F.* et al. 167.

Caruaru: Distrito de Murici, Brejo dos Cavalos.
29/2/1996, *Silva, L.F.* et al. 168.

Brejo da Madre de Deus: Fazenda Buriti. 28/3/1996,
Silva, L.F. et al. 191.

Caruaru: Murici, Brejo dos Cavalos. Parque Ecológico
Municipal. 25/5/1995, *Souza, E.B.* 15.

Caruaru: Murici, Brejo dos Cavalos. 16/5/1996,
Tscha, M.C. et al. 806.

Caruaru: Murici, Brejo dos Cavalos. Parque Ecológico
Municipal. 4/4/1995, *Villarouco, F.A.* et al. 32.

Caruaru: Brejo dos Cavalos, Fazenda Caruaru.
4/4/1995, *Villarouco, F.A.* et al. 33.

unloc.

unloc. *Sellow* s.n.

unloc. *Vauthier* 93.

Psychotria stachyoides Benth.

Bahia

Maraú: Rodovia BR-030, trecho Ubaitaba-Maraú, a 45
Km de Ubaitaba. 25/2/1980, *Carvalho, A.M.* et al.
167.

Palmeiras: Pai Inácio. 25/10/1994, *Carvalho, A.M.* et
al. *in* PCD 996.

Cravolândia: Povoado Três Braços (Ilha Formosa).
Morro atras do Posto Medico da UnB. 14/1/1994,
França, F. et al. 900.

Abaíra: Subida do Garimpo da Mata, acima do Rancho
de José Sobrinho. 14/11/1992, *Ganev, W.* 1448.

Abaíra: Serra do Rei. 12/1/1994, *Ganev, W.* 2787.

Maraú: Ca. 5km SE of Maraú near junction with road
to Campinho. 14/5/1980, *Harley, R.M.* et al. 22056.

Rio de Contas: Pico das Almas 20/2/1987, *Harley,
R.M.* et al. 24470.

Rio de Contas: Pico das Almas. Vertente Leste.
Margem noroeste do Campo do Queiroz.
21/11/1988, *Harley, R.M.* et al. 26228.

Rio de Contas: Pico das Almas. Vertente Leste. Subida
do pico do campo norte do Queiroz. 10/11/1988,
Harley, R.M. et al. 26315, 26525.

Rio de Contas: Pico das Almas. Vertente Leste.
Campo e mata ao NW do campo do Queiroz.
28/11/1988, *Harley, R.M.* et al. 26647.

Rio de Contas: Pico das Almas. Vertente Leste.
28/11/1988, *Harley, R.M.* et al. 26647.

Abaíra: Campo de Ouro Fino (alto). 21/1/1992,
Hind, D.J.N. et al. *in* H 50927.

Abaíra: Bem Querer. 19/12/1991, *Nic Lughadha, E.*
et al. *in* H 50201.

Mun.?: Rio São João. *Schott* 797.

Abaíra: Campo de Ouro Fino (baixo). 25/1/1992,
Stannard, B. et al. *in* H 50802.

Abaíra: Campo de Ouro Fino (baixo). 25/1/1992,
Stannard, B. et al. *in* H 50817.

Mun.?: Serra do Sincorá. 18/3/1908, *Ule, E.* 7352.

Psychotria subtriflora Muell.-Arg.

Bahia

Una: Estrada Una-Ilhéus 19/11/1983, *Callejas, R.* et
al. 1763.

Abaíra: Mata do Criminoso. 3/11/1993, *Ganev, W.*
2401.

Abaíra: Mata do Engenho. 22/1/1994, *Ganev, W.* 2854.

Rio de Contas: Pico das Almas 21/2/1987, *Harley,
R.M.* et al. 24532.

Rio de Contas: Pico das Almas. Vertente Leste.
Estrada Faz. Brumadinho - Faz. Silvina.
13/12/1988, *Harley, R.M.* et al. 27153.

Abaíra: Mata do Cigano. 22/3/1992, *Laessoe, T.* et al.
in H 52597.

Mucugê: 12Km de Mucugê, entrada a direita depois
da fazenda Paraguaçu. 16/12/1984, *Lewis, G.P.* et
al. *in* CFCR 6993.

Mucugê: 12Km de Mucugê, entrada a direita depois
da fazenda Paraguaçu. 16/12/1984, *Lewis, G.P.* et
al. *in* CFCR 6993.

Abaíra: Estrada Catolés-Abaíra, 7 km de Catolés, Mata
do Criminoso. 26/2/1992, *Stannard, B.* et al. *in* H
51623.

Abaíra: Morro do Zabumba, Engenho de Baixo.
13/3/1992, *Stannard, B.* et al. *in* H 51938.

Psychotria tenerior (Cham.) Muell.-Arg.

unloc.

unloc. *Sellow*, ISOTYPE, Patabea tenerior Cham..

Psychotria xantholoba Muell.-Arg.

Bahia

Abaíra: Ca. 80Km N of the Town of Rio de Contas.
18/1/1972, *Harley, R.M.* et al. 15233.

Rio de Contas: Pico das Almas. Vertente Leste. Junco
9-11Km ao No da cidade. 6/11/1988, *Harley, R.M.*
et al. 25935.

Rio de Contas: Pico das Almas. Vertente Leste. Junco
9-11Km ao No da cidade. 6/11/1988, *Harley, R.M.*
et al. 25935.

Pernambuco

Rio Preto: 9/1839, *Gardner* 2890.

Psyllocarpus asparagoides Mart. ex Mart. & Zucc.

Bahia

Jacobina: Serra de Jacobina 1837, *Blanchet* 2534.

Abaíra: Catolés-Inúbia, frente a Samambaia.
28/7/1992, *Ganev, W.* 759.

Ituaçu: Estrada Ituaçu-Barra da Estiva, a 13 Km de
Ituaçu, próximo do Rio Lajedo. 19/7/1981,
Giulietti, A.M. et al. *in* CFCR 1302.

Palmeiras: Pai Inácio. 29/8/1994, *Guedes, M.L.* et al. *in* PCD 476.

Caetité: Caminho para Licínio de Almeida. 10/2/1997, *Guedes, M.L.* et al. *in* PCD 5340.

Rio de Contas: Ca. 1Km S of Rio de Contas o side road to W of the road to Livramento do Brumado. 15/1/1974, *Harley, R.M.* et al. 15055.

Rio de Contas: About 3 km N of the town of Rio de Contas. 21/1/1974, *Harley, R.M.* et al. 15355.

Rio de Contas: Middle NE slopes of Pico das Almas ca.25km WNW of Vila do Rio de Contas 18/3/1977, *Harley, R.M.* et al. 19624.

Rio de Contas: Middle NE slopes of Pico das Almas ca.25km WNW of Vila do Rio de Contas 18/3/1977, *Harley, R.M.* et al. 19657.

Rio de Contas: 18Km WNW along road from Vila do Rio de Contas to the Pico das Almas. 21/3/1977, *Harley, R.M.* et al. 19816.

Rio de Contas: Ca. 3 Km south of small town of Mato Grosso on the road to Villa do Rio de Contas. 24/3/1977, *Harley, R.M.* et al. 19939.

Rio de Contas: Between 2,5 and 5 Km S of the Vila do Rio de Contas on side road to W of the road to Livramento, leading to the Rio Brumado. 28/3/1977, *Harley, R.M.* et al. 20077.

Cascavel: Serra do Sincorá, 13,3 Km N of Cascavel on the road to Mucugê. 25/3/1980, *Harley, R.M.* et al. 20956.

Palmeiras: Serra dos Lençóis, lower slopes of Morro do Pai Inácio, ca. 14.5km NW of Lençóis just N of the main Seabra-Itaberaba road. 21/5/1980, *Harley, R.M.* et al. 22284.

Morro do Chapéu: Summit of Morro do Chapéu, ca. 8 Km SW of the town of Morro do Chapéu to the west of the road to Utinga. 30/5/1980, *Harley, R.M.* et al. 22821.

Morro do Chapéu: Ca. 16Km along the Morro do Chapéu to Utinga road, SW of Morro do Chapéu. 1/6/1980, *Harley, R.M.* et al. 22963.

Rio de Contas: Pico das Almas:vertente Leste. Campo do Queiroz, perto do trilho da Faz.Silvina 31/10/1988, *Harley, R.M.* et al. 25815.

Rio de Contas: Pico das Almas. Vertente Leste. Campo do Queiroz 9/11/1988, *Harley, R.M.* et al. 25986.

Rio de Contas: 17km ao N da cidade na estrada para o povoado de Mato Grosso. Perto do rio 9/11/1988, *Harley, R.M.* et al. 26056.

Rio de Contas: Pico das Almas. Vertente Leste. Ao noroeste do Campo do Queiroz. 17/11/1988, *Harley, R.M.* et al. 26184.

Rio de Contas: Pico das Almas. Vertente Leste. Ao noroeste do Campo do Queiroz 17/11/1988, *Harley, R.M.* et al. 26184.

Rio de Contas: Pico das Almas. Vertente Leste. Campo do Queiroz 25/11/1988, *Harley, R.M.* et al. 26286.

Agua Quente: Pico das Almas.Vertente Oeste.Entre Paramirim das Crioulas e a face NNW do pico 17/12/1988, *Harley, R.M.* et al. 27571.

Abaíra: Salão, 9 km de Catolés na estrada para Inúbia 28/12/1991, *Harley, R.M.* et al. *in* H 50542.

Rio de Contas: Campo de Aviação. 6/4/1992, *Hatschbach, G.* et al. 56726.

Mucugê: Santa Cruz. 9/4/1992, *Hatschbach, G.* et al. 56886.

Piatã: próximo a Serra do Gentio ("Gerais entre Piatã e Serra da Tromba). 21/12/1984, *Mello-Silva, R.* et al. *in* CFCR 7413.

Abaíra: 9 km N de Catolés, caminho de Ribeirão de Baixo a Piatã.Serra do Atalho: descida para os gerais entre Serra do Atalho e a Serra da Tromba. 10/7/1995, *Queiroz, L.P.* et al. 4421.

Abaíra: Campo de Ouro Fino. 1/3/1992, *Sano, P.T.* et al. *in* H 50981.

Abaíra: Garimpo do Engenho. 26/2/1992, *Stannard, B.* et al. *in* H 51609.

unloc.
    unloc. *Blanchet* s.n.
    unloc. *Blanchet* 2534.

Psyllocarpus laricoides Mart. ex Mart. & Zucc.

Bahia
    Senhor do Bonfim: Serra de Santana 26/12/1984, *Pirani, J.R.* et al. *in* CFCR 7633.

unloc.
    unloc. *Sellow* s.n.
    unloc. *Sellow* s.n.
    unloc. 1907, *Sellow* s.n.
    unloc. 1907, *Sellow* 1167.

Randia hirta (Kunth.) DC.

Bahia
    Livramento do Brumado: By the waterfall of the Rio Brumado just North of Livramento do Brumado. 20/1/1974, *Harley, R.M.* et al. 15326.

Randia nitida (Kunth.) DC.

Bahia
    Piritiba: Ca. 8 Km de França na estrada para Piritiba. 2/11/1997, *França, F.* et al. *in* PCD 2473.

    Ilhéus: *Moricand* 2341.

    Mun.?: Silvis prope Almada. 9/1892, *Riedel* 402.

Ceará
    unloc. 1839, *Gardner* 1692.
    unloc. 10/1839, *Gardner* 1692.

Pernambuco
    Bezerros: Reserva Municipal. 8/2/1996, *Campelo, M.J.* et al. 40.

    Inajá: Reserva Biológica de Serra Negra. 9/12/1995, *Gomes, A.P.S.* et al. 210.

    Inajá: Reserva Biológica de Serra Negra. 20/7/1995, *Laurenio, A.* 109.

    Inajá: Reserva Biológica de Serra Negra. 27/8/1994, *Rodal, M.J.N.* et al. 355.

    Inajá: Reserva Biológica de Serra Negra. 21/7/1995, *Sales de Melo, M.R.C.* et al. 652.

    Inajá: Reserva Biológica de Serra Negra. 21/7/1995, *Sales de Melo, M.R.C.* et al. 661.

    Inajá: Reserva Biológica de Serra Negra. 14/9/1995, *Tscha, M.C.* et al. 216.

    Bezerros: Parque Ecológico de Serra Negra. 8/2/1996, *Tscha, M.C.* et al. 516.

Retiniphyllum laxiflorum (Benth.)N.E.Br.

Bahia
    Abaíra: Estrada Abaíra-Piatã, radiador, acima do garimpo velho. 25/6/1992, *Ganev, W.* 555.

    Rio de Contas: Rd Porco-Gordo. 16/7/1993, *Ganev, W.* 1871.

    Rio de Contas: Caminho Boa Vista-Mutuca Corisco, próximo ao Bicota. 2/9/1993, *Ganev, W.* 2180.

Abaíra: Salão, Campos Gerais do Salao. 2/5/1994, *Ganev, W.* 3193.

Abaíra: Capão do Mel. 13/6/1994, *Ganev, W.* 3361.

Abaíra: Água Limpa. 21/12/1991, *Harley, R.M.* et al. *in* H 50250.

Abaíra: Estrada para Serrinha e Bicota. 20/4/1998, *Queiroz, L.P.* et al. 5053.

Retinipbyllum maguirei Standl.

Bahia

Mucugê: Serra de São Pedro. 17/12/1984, *Lewis, G.P.* et al. *in* CFCR 7041.

Mucugê: Serra de São Pedro. 17/12/1984, *Lewis, G.P.* et al. *in* CFCR 7041.

Richardia brasiliensis Gomes

Bahia

Paratinga: Estrada Paratinga-Bom Jesus da Lapa, Km 10. 1/7/1983, *Coradin, L.* et al. 6325.

Manoel Vitorino: Rod. M. Vitorino/Caatingal, km 4. 16/2/1979, *Mattos Silva, L.A.* et al. 269.

Poções: Km 2 a 4 da estrada que Liga Pocoes (Br-1160 ao povoado de Bom Jesus da Serra (ao W de Pocoes). 5/3/1978, *Mori, S.A.* et al. 9509.

Ceará

Mun.?: Taboleiro varzea da vaca. 7/1839, *Gardner* 2418.

Richardia grandiflora (Cham. & Schltdl.) Steud.

Bahia

unloc. *Blanchet* s.n.

Barra da Estiva: Estrada Barra da Estiva-Mucugê, Km 31. 4/7/1983, *Coradin, L.* et al. 6429.

Mun.?: Probably in Salvador. 2/1832, *Darwin, C.* 213.

Juazeiro: 72km south of Juazeiro on highway to Feira de Santana. (2,1 Km S of Village of Barrinha). 8/3/1970, *Eiten, G.* et al. 10883.

Abaíra: Engenho de Baixo. 25/5/1992, *Ganev, W.* 389.

unloc. 1842, *Glocker* 64.

Palmeiras: Pai Inácio. 29/8/1994, *Guedes, M.L.* et al. *in* PCD 470.

Rio de Contas: About 2 Km N of the town of Rio de Contas in flood plain of the Rio Brumado. 23/1/1974, *Harley, R.M.* et al. 15623.

Senhor do Bonfim: 64 Km N of Senhor do Bonfim on the Ba 130 highway to Juazeiro. 25/2/1974, *Harley, R.M.* et al. 16341.

Itacaré: Near the mouth of the Rio de Contas. 28/1/1977, *Harley, R.M.* et al. 18318.

São Inácio: lagoa Itaparica, 10Km West of the São Inácio-Xique Xique road at the turning 13,1 km N of São Inácio. 26/2/1977, *Harley, R.M.* et al. 19099.

Rio de Contas: Lower NE slopes of the Pico das Almas, ca. 25 km WNW of the Vila do Rio de Contas. 20/3/1977, *Harley, R.M.* et al. 19741.

Caetité: Serra Geral de Caetité ca. 5 km S from Caetité along the Brejinhos das Ametistas road. 9/4/1980, *Harley, R.M.* et al. 21094.

Maracás: Caldeirão, Basin of the Upper São Francisco River. Just beyond Calderão, ca 32 Km NE from Bom Jesus da Lapa. 18/4/1980, *Harley, R.M.* et al. 21488.

Rio de Contas: 17km ao N da cidade na estrada para o povoado de Mato Grosso. Perto do rio 9/11/1988, *Harley, R.M.* et al. 26065.

São Gonçalo: Varzea. 11/4/1936, *Luetzelburg, P.V.* 27085.

Abaíra: Campo de Ouro Fino (baixo). 6/2/1992, *Nic Lughadha, E.* et al. *in* H 51045.

Remanso: 12/2/1972, *Pickersgill, B.* et al. *in* RU72 122.

Richardia grandiflora (Cham. & Schlcht.) Steud.

Bahia

Piatã: próximo a Serra do Gentio ("Gerais", entre Piatã e Serra da Tromba). 21/12/1984, *Pirani, J.R.* et al. *in* CFCR 7415.

Richardia grandiflora (Cham. & Schltdl.) Steud.

Bahia

Abaíra: Estrada entre Bem Querer e Riacho das Anáguas. 30/1/1992, *Pirani, J.R.* et al. *in* H 51345.

Palmeiras: 1872, *Preston, T.A.* s.n.

Mun.?: locis cultis. *Salzmann* s.n.

Mun.?: in apricis. *Salzmann* s.n.

Mucugê: Caminho para Abaíra. 13/2/1997, *Stannard, B.* et al. *in* PCD 5531.

Abaíra: Estrada Catolés-Ribeirão de Baixo-Inúbia, 9-12 km de Catolés 19/3/1992, *Stannard, B.* et al. *in* H 52703.

Paraíba

Brejo da Cruz: Est. de Catolé do Rocha a Brejo da Cruz. 2/6/1984, *Collares, J.E.R.* et al. 155.

Areia: Mata de pau ferro, parte oeste mais seca, cerca de 1Km da estrada Areia-Remigio. 1/12/1980, *Fevereiro, V.P.B.* et al. *in* M 147.

Pernambuco

unloc. 10/1837, *Gardner* 1035.

unloc. 10/1837, *Gardner* 1035.

unloc. *Gregory, H.L.* 5 82.

Buíque: Catimbau. Serra do Catimbau. 18/8/1994, *Rodal, M.J.N.* 260.

Piauí

Mun.?: Saboleina near Lagoa Comprida. 2/1839, *Gardner* 2194.

Rio Grande do Norte

Areia Branca: Beira de praia com dunas. 14/8/1994, *Silva, G.P.* et al. 2482.

unloc.

unloc. *Chamisso* s.n.

unloc. *Pohl* 817.

unloc. *Sellow*, LECTOTYPE, Richardsonia grandiflora Lewis & Oliver.

Rudgea conocarpa Muell.-Arg.

Bahia

Prado: Km 21 da Rodovia Itamaraju-Prado. 17/2/1994, *Pirani, J.R.* et al. 2995.

Rudgea erythrocarpa Muell.-Arg.

Pernambuco

São Vicente Ferrer: Mata do Estado. 9/3/1998, *Laurênio, A.* et al. 829.

Rudgea irregularis Muell.-Arg.

Bahia

Abaíra: Água Limpa, Mo. do Cuscuzeiro. 29/4/1994, *Ganev, W.* 3179.

Rio de Contas: Serra do Mato Grosso. 3/2/1997, *Guedes, M.L.* et al. *in* PCD 4969.

Abaíra: Campo da Pedra Grande. 25/3/1992, *Harley, R.M.* et al. *in* H 53337.

Rudgea jacobinensis Muell.-Arg.

Bahia

Lençóis: Remanso/Maribus. 29/1/1997, *Atkins, S.* et al. *in* PCD 4685.

Morro do Chapéu: Estrada para Lagoa Nova.
6/3/1997, *Harley, R.M.* et al. *in* PCD 6091.
Pernambuco
Brejo da Madre de Deus: Mata do Malhada
29/3/2000, *Nascimento, L.* et al. 389.

Sabicea brasiliensis Wernham
Bahia
unloc. s. coll. s.n.

Sabicea cinerea Aubl.
Bahia
Palmeiras: Pai Inácio. 12/3/1997, *Gasson, P.* et al. *in*
PCD 6188.
Palmeiras: Pai Inácio. 1/7/1995, *Guedes, M.L.* et al.
in PCD 2109.
Paraíba
Santa Rita: 20 Km do Centro de João Pessoa, Usina
São João, Tibirizinho. 12/7/1990, *Agra, M.F.* et al.
1211.

Sabicea grisea Cham. & Schltdl.
Alagoas
Maceió: Near the city of Alagoas. 4/1838, *Gardner*
1338.
Bahia
unloc. *Blanchet* s.n.
Andaraí: 15-20Km from Andaraí, along the road to
Itaetê which branches East off the road to Mucugê.
13/2/1977, *Harley, R.M.* et al. 18637.
Maraú: Ca. 5 km SE of Maraú near junction with road
to Campinho. 14/5/1980, *Harley, R.M.* et al. 22045.
Maraú: Estrada que liga Ponta do Mutá (Porto de
Campinhos) a Maraú, a 28 km do Porto. 6/2/1979,
Mori, S.A. et al. 11436.
Paraíba
Areia: 21/6/1959, *Moraes, J.C* 2173.

Sabicea hirsuta Kunth. **var. sellowii** Wernh.
Bahia
unloc. 15/11/1907, *Sellow* 299, SYNTYPE, Sabicea
hirsuta var. sellowii Wernh..

Salzmannia nitida DC.
Alagoas
Maceió: 1838, *Gardner* 1317.
Bahia
Belmonte: Ca. 26Km SW of Belmonte along road to
Itapebi, and 4Km, along side road towards the sea.
25/3/1974, *Harley, R.M.* et al. 17241.
Belmonte: 24km SW of belmonte, on road to Itapebi.
24/3/1974, *Harley, R.M.* et al. 17340.
Itacaré: Itacaré, near the mouth of the Rio de Contas.
31/3/1974, *Harley, R.M.* et al. 17557.
Maraú: 5Km SE of Maraú at the junction with the
new road North to Ponta do Mutá. 22/2/1977,
Harley, R.M. et al. 18506.
Maraú: Ca. 5Km SE of Maraú near junction with road
to Campinho. 14/5/1980, *Harley, R.M.* et al. 22031.
Vera Cruz: Ilha de Itaparica. Estrada Cora-Baiacu.
1/4/1994, *Melo, E.* et al. 952.
Ilhéus: Rodovia Pontal-Una-Cana (Ba-001), km 10.
24/8/1978, *Morawetz, W.* et al. 17 24878.
Santa Cruz Cabrália: 2-4 Km a W de Santa Cruz de
Cabrália, pela estrada antiga. 21/10/1978, *Mori,
S.A.* et al. 10882.
Ilhéus: *Moricand* 89.
Camaçari: Ba-099 (estrada do coco), entre Arembepe
e Monte Gordo. 14/7/1983, *Pinto, G.C.P.* et al.
299.

Ilhéus: Fazenda Barra do Manguinho, Km12 da
rodovia Pontal/Olivença (Ba-001). 27/2/1985,
Plowman, T. et al. 13972.
Ilhéus: 9/1892, *Riedel* 321.
Mun.?: In collibus aridis. *Salzmann*, ISOTYPE,
Salzmannia nitida DC..
Porto Seguro: Ca. 6-7Km na estrada que liga Arraial
D'Ajuda a Trancoso. 12/12/1991, *Sant'Ana, S.C.* et
al. 77.
unloc. *Sellow* s.n.
Pernambuco
Mun.?: Ilha de Itamaraca. *Gardner* 1041.
Mun.?: Ilha de Itamaraca. 12/1837, *Gardner* 1041.
Sergipe
Santa Luzia: Estância Santa Luzia 18km de Estancia.
23/1/1993, *Pirani, J.R.* et al. 2649.

Schradera polycephala DC.
Bahia
Una: Rodovia BA-265, a 25 km de Una. 26/2/1978,
Mori, S.A. et al. 9315.

Simira gardneriana add author, det in coll.
Piauí
Boa Esperança: 3/1839, *Gardner* 2313.
Boa Esperança: 3/1839, *Gardner* 2313.
Mun.?: FundaçãoRuralista. In association with
Juazeiro, Favela, Marmeleiro, Umbuzeiro. sndy soil.
28/11/1981, *Pearson, H.P.N.* 47.

Simira grazielae Peixoto
Bahia
Ipiau: Rod. BR-330. Plantaçãode Cacau prox. a
Barragem do Funil (Rio de Contas), a 33 km de
Ipiau, trecho Ubata/Rod. BR-101/ 6/3/1978, *Mori,
S.A.* et al. 9554.
Ilhéus: Estrada que liga Fazenda Ponta Grossa com a
Estrada Uruçuca/Serra Grande, ca. de 12 Km a NE
de Uruçuca. 9/6/1979, *Mori, S.A.* 11903.

Simira pisoniiformis (Baill.) Steyerm.
Bahia
Una: Ramal que liga a BA 265 (Rod. Una Rio Branco)
a Br 101 (São Jose), na 8km SW do cruzamento e a
20km NW de Una, em linha reta. 27/2/1978, *Mori,
S.A.* et al. 9335.
Santa Cruz Cabrália: Estação Ecológica do Pau-Brasil
e arredores, ca. de 16 km a W de Porto Seguro.
26/7/1978, *Mori, S.A.* et al. 10320.

Simira sp.
Bahia
Bom Jesus da Lapa: Rodovia Igapora-Caetité, Km 8.
2/7/1983, *Coradin, L.* et al. 6352.

Sipanea biflora (L.f.) Cham. & Schltdl.
Bahia
Ilhéus: in Silviis umbrosis silvarum primaverum prope
fluve Ilheos, floret Mayo et Junio. *Chamisso* 142.
Mun.?: in paludis prope Cruz de Cosme. *Luschnath*
87.
unloc. 15/11/1907, *Sellow* s.n.
unloc. *Sellow* s.n.
unloc. 15/11/1907, *Sellow* 1019.

Spermacoce assurgens Ruiz & Pavon
Bahia
Andaraí: As vertentes das serras ao oeste de Catolés,
perto de Catolés de Cima. 26/12/1988, *Harley,
R.M.* et al. 27793.

unloc.
    unloc. *Pohl* 790.
Spermacoce exilis (L.O.Williams) C.D.Adams.
Bahia
    Ilhéus: 5/1821, *Riedel* 147.
Spermacoce prostrata Aubl.
Alagoas
    Maceió: 2/1838, *Gardner* 1334.
Bahia
    Mun.?: in convallibus, *Blanchet* s.n.
    Palmeiras: 1872, *Preston, T.A.* s.n.
    Mun.?: in convallibus. *Salzmann* s.n.
Pernambuco
    unloc. 10/1837, *Gardner* 1033.
Piauí
    Oeiras: 4/1839, *Gardner* 2189.
Spermacoce sp.
Bahia
    Formosa do Rio Preto: 8/4/1989, *Mendonca, R.C.* et al. 1370.
    Ilhéus: Area do CEPEC (Centro de Pesq. do Cacau), Km 22 da rodovia Ilhéus/Itabuna - BR 415. 27/8/1981, *Santos, T.S.* 3651.
Pernambuco
    unloc. 1892, *Preston, T.A.* s.n.
Stachyrrhaena harleyi Kirkbr.
Bahia
    Ilhéus: 20km N along the road from Una to Ilhéus. 23/1/1977, *Harley, R.M.* et al. 18184, ISOTYPE, Stachyarrhaena harleyi J.H.Kirkb..
    Ilhéus: 20km N along the road from Una to Ilhéus. 23/1/1977, *Harley, R.M.* et al. 18189.
    Una: Maruim, border of the Fazendas Maruim and Dois de Julho, 33km Sw of Olivença on the road from Olivença to Buerarema. 30/4/1981, *Mori, S.A.* et al. 13843.
Stachyrrhaena krukovii Standl.
Bahia
    Rio de Contas: 5km da cidade na estrada para Livramento do Brumado. 25/10/1988, *Harley, R.M.* et al. 25601.
    Abaíra: Base da encosta da Serra da Tromba. 2/2/1992, *Pirani, J.R.* et al. *in* H 51459.
Staelia aurea K.Schum.
Bahia
    Glória: Brejo do Burgo-caminho da serrota. 3/7/1995, *Bandeira, F.P.* 221.
    Ituaçu: Proximidades do Hotel Serra do Ouro. 27/6/1983, *Coradin, L.* et al. 6145.
    Ibotirama: rodovia (Br-242) Ibotirama-Barreiras, Km 30. 7/7/1983, *Coradin, L.* et al. 6596.
    Senhor do Bonfim: 64 Km N of Senhor do Bonfim on the Ba 130 highway to Juazeiro. 25/2/1974, *Harley, R.M.* et al. 16351.
    Belmonte: ca. 4Km Sw of Belmonte, on road to Itapebi. 23/3/1974, *Harley, R.M.* et al. 17315.
    Belmonte: On SW outskirts of town. 26/3/1974, *Harley, R.M.* et al. 17464.
    Morro do Chapéu: 19,5 Km SE of the town of Morro do Chapéu on the Ba 052 road to Mundo Novo, by the Rio Ferro Doido. 2/3/1977, *Harley, R.M.* et al. 19288.
    Rio de Contas: 18Km WNWalong road from Vila do

Rio de Contas to the Pico das Almas. 21/3/1977, *Harley, R.M.* et al. 19817.
    Rio de Contas: Between 2,5 and 5 Km S of Vila do Rio de Contas on side road to W of the road to Livramento, leading to the Rio Brumado. 28/3/1977, *Harley, R.M.* et al. 20072.
    Caetité: Serra Geral do Caetité, ca. 5 km S from Caetité along the Brejinhos das Ametistas, road. 9/4/1980, *Harley, R.M.* et al. 21101.
    Caetité: Serra Geral de Caetité, ca. 12 km SW Caetité, by the road to Morrinhos, and ca. 9 km W along this road from the junction with the Caetité - Brejinhos das Ametistas road. 10/4/1980, *Harley, R.M.* et al. 21200.
    Correntina: Chapadão Ocidental da Bahia. Islets and banks of the Rio Corrente by Correntina. 23/4/1980, *Harley, R.M.* et al. 21662.
    Correntina: Chapadão Ocidental da Bahia, ca 15 km SW of Correntina on the road to Goiás. 25/4/1980, *Harley, R.M.* et al. 21752.
Paraíba
    Areia: Faz. Macacos. 17/10/1988, *Felix, L.P.* et al. 1641.
Pernambuco
    Buíque: Estrada Buíque-Catimbau. 15/6/1995, *Andrade, K.* et al. 75.
    Buíque: Catimbau. Serra de Catimbau. 17/10/1994, *Costa e Silva, M.B.* 253.
    Bezerros: Parque Ecológico de Serra Negra. 10/10/1995, *Lira, S.S.* et al. 83.
    Bonito: Reserva Municipal de Bonito. 12/9/1995, *Rodrigues, E.* et al. 53.
    Caruaru: Murici, Brejo dos Cavalos. Parque Ecológico Municipal. 1/6/1995, *Sales de Melo, M.R.C.* 54.
    Brejo da Madre de Deus: Fazenda Buriti. 26/5/1995, *Villarouco, F.A.* et al. 84.
    Bezerros: Parque Ecológico de Serra Negra. 5/10/1995, *Villarouco, F.A.* et al. 133.
Piauí
    unloc. 1839, *Gardner* 2192, SYNTYPE, Staelia aurea Schum.unloc. 8/1839, *Gardner* 2637.
Sergipe
    Aracaju: 1838, *Gardner* 1706.
Staelia catechosperma K.Schum.
Bahia
    Abaíra: Gerais da Serra da Tromba, encosta da serra do Atalho. 18/6/1992, *Ganev, W.* 519.
    Piatã: Estrada Piatã-Inúbia, 25 km NW Piatã, Serra do Atalho. 23/2/1994, *Sano, P.T.* et al. *in* CFCR 14463.
Staelia galioides DC.
Alagoas
    unloc. 3/1838, *Gardner* 1335.
Staelia reflexa DC.
Bahia
    Piatã: Serra do Atalho, próximo garimpo da cravada. 11/6/1992, *Ganev, W.* 458.
Piauí
    unloc. 1841, *Gardner* 2889.
Staelia thymbroides (Mart. & Zucc.) K.Schum.
Bahia
    Jacobina: Serra de Jacobina. *Blanchet* 3605.
    Mun.?: Vegetçãode campos, sul da Bahia. 4/3/1987, *Felix, L.P.* et al. 903.

Lagoinha: 22 Km NW of Lagoinha (which is 5,5 Km SW of Delfino) on side road to Minas do Mimoso. 6/3/1974, *Harley, R.M.* et al. 16835.

Correntina: Chapadão Ocidental da Bahia, 30 Km N from Correntina, on the Inhaumas road. 29/4/1980, *Harley, R.M.* et al. 21944.

Staelia thymoides Cham. & Schltdl.
Bahia

Morro do Chapéu: Rodovia Morro do Chapéu-Irecê (BA-052) Km 21. 29/6/1983, *Coradin, L.* et al. 6252.

Caetité: Brejinho das Ametistas, Serra Geral de Caetité, 1,5Km S of Brejinhos das Ametistas. 11/4/1980, *Harley, R.M.* et al. 21240.

unloc.

unloc. *Sellow*, ISOTYPE, Staelia thymoides Cham..

Staelia vestita K.Schum.
Paraíba

Areia: Mata de Pau Ferro, Cha do Jardim, area atras da casa do vigia. 23/11/1980, *Fevereiro, V.P.B.* et al. *in* M 136.

Piauí

unloc. 4/1839, *Gardner* 2187, SYNTYPE, Staelia vestita K.Schum..

Staelia virgata (R. & S.) K.Schum.
Bahia

Campo Formoso: Localidade de Água Preta. EstradaAlagoinhas-Minas do Mimoso. 26/6/1983, *Coradin, L.* et al. 6068.

Barra da Estiva: Estrada Barra da Estiva-Mucugê, Km 7. 4/7/1983, *Coradin, L.* et al. 6393.

Conde: Barra do Itariri. 26/4/1996, *Costa-Neto, E.* 25.

Abaíra: Cabaceira, Riacho Fundo, atras da Serra do Bicota. 25/10/1993, *Ganev, W.* 2343.

Ituaçu: Estrada Ituaçu-Barra da Estiva, a 13 Km de Ituaçu, próximo do Rio Lajedo. 18/7/1981, *Giulietti, A.M.* et al. *in* CFCR 1205.

Barra da Estiva: 16Km N of Barra da Estiva on the Paraguacu road. 31/1/1974, *Harley, R.M.* et al. 15733.

Lagoinha: 16 Km NW of Lagoinha (5,5 Km SW of Delfino) on side road to Minas do Mimoso. 4/3/1974, *Harley, R.M.* et al. 16650.

São Inácio: 1,5 Km S of São Inácio on Gentio do Ouro road. 24/2/1977, *Harley, R.M.* et al. 18981.

São Inácio: Lagoa Itaparica 10 Km, west of the São Inácio- Xique Xique road at the turning 13,1 km. N of São Inácio. 26/2/1977, *Harley, R.M.* et al. 19087.

Barra da Estiva: Serra do Sincorá, 3-13Km W of Barra da Estiva. 23/3/1980, *Harley, R.M.* et al. 20795.

Lençóis: Serra dos Lençóis, ca. 4 Km NE of Lençóis by old road. 23/5/1980, *Harley, R.M.* et al. 22455.

Morro do Chapéu: Summit of Morro do Chapéu, ca. 8 Km SW of the town of Morro do Chapéu to the west of the road to Utinga. 30/5/1980, *Harley, R.M.* et al. 22746.

Lençóis: 3Km N da ligação com a rodovia BR-242. 10/4/1992, *Hatschbach, G.* et al. 56960.

Feira de Santana: Campus da UEFS. 1/9/1997, *Oliveira, A.A.* et al. 2.

Mucugê: Estrada Mucugê-Andaraí, a 4-5 Km de Andaraí. 8/9/1981, *Pirani, J.R.* et al. *in* CFCR 2075.

Mata de São João: Praia do Forte. 29/11/1992, *Queiroz, L.P.* 2903.

Pernambuco

Buíque: Estrada Catimbau-Buíque. 4/9/1995, *Gomes, A.P.S.* et al. 88.

Buíque: Catimbau. Serra do Catimbau. 18/8/1994, *Rodal, M.J.N.* 257.

Tocoyena brasiliensis Mart.
Bahia

Entre Rios: 24/3/1995, *França, F.* et al. 1136.

Entre Rios: 24/3/1995, *França, F.* et al. 1136.

Rio de Contas: Pico das Almas. Vertente Leste, perto da Faz. Brumadinho, estrada para Junco. 9/12/1988, *Harley, R.M.* et al. 27085.

Agua Quente: Pico das Almas. Vertente Oeste, entre Paramirim das Crioulas e a face NW do pico. 17/12/1988, *Harley, R.M.* et al. 27588.

Rio de Contas: Fazenda Brumadinho, Morro Brumadinho. 17/11/1996, *Hind, D.J.N.* et al. *in* PCD 4416.

Pernambuco

unloc. 11/1837, *Gardner* 1043.

Tocoyena formosa (Cham. & Schltdl.) K.Schum.
Bahia

Rio de Contas: Pico das Almas, ao longo da estrada, a ca. 2-3km na Fazenda Morro Redondo, em direçãoa cidade. 3/3/1994, *Atkins, S.* et al. *in* CFCR 14769.

Rio de Contas: Pico das Almas, ao longo da estrada, a ca. 2-3km na Fazenda Morro Redondo, em direção a cidade. 3/3/1994, *Atkins, S.* et al. *in* CFCR 14769.

Abaíra: Estrada Catolés de Baixo, próximo ao Cruzeiro. 26/12/1992, *Ganev, W.* 1748.

Itiuba: Serra de Itiuba, about 6km E of Itiuba. 19/2/1974, *Harley, R.M.* et al. 16182.

Rio de Contas: Pico das Almas. Vertente Leste, perto da Faz. Brumadinho, estrada para Junco. 9/12/1988, *Harley, R.M.* et al. 27085.

Abaíra: Morro do Zabumba. 30/12/1991, *Hind, D.J.N.* et al. *in* H 50580.

Barreiras: Valley of the Rio das Ondas. 2/3/1971, *Irwin, H.S.* et al. 31313.

Morro do Chapéu: Ventura, beira do rio, um pouco acima do povoado. 4/3/1997, *Nic Lughadha, E.* et al. *in* PCD 6018.

Rio de Contas: Em direção ao Rio Brumado. Estrada para Livramento de Brumado. 13/12/1984, *Stannard, B.* et al. *in* CFCR 6846.

Paraíba

Santa Rita: 11/12/1992, *Agra, M.F.* 1375.

Areia: Piraua. 18/12/1986, *Felix, L.P.* et al. 1206.

Pernambuco

Buíque: Sopé da serra. 12/1/1996, *Andrade, K.* et al. 292.

Buíque: Fazenda Laranjeiras. 5/5/1995, *Gomes, A.P.S.* et al. 16.

Buíque: Serra do Catimbau - Paraiso selvagem. 8/3/1996, *Laurenio, A.* et al. 345.

Buíque: Estrada Buíque-Catimbau. 17/3/1995, *Rodal, M.J.N.* et al. 512.

Tocoyena sp.
Piauí

unloc. 1839, *Gardner* 2197.

unloc. 1839, *Gardner* 2197.

Lista de exsicatas

Agra, M.F. 1178 – *Borreria verticillata*; 1194 – *Guettarda platypoda*; 1211 – *Sabicea cinerea*; 1237 – *Guettarda platypoda*; 1268 – *Guettarda platypoda*; 1312 – *Guettarda platyphylla*; 1320 – *Mitracarpus frigidus*; 1370 – *Chiococca sp. nov.*; 1375 – *Tocoyena formosa*; 1393 – *Guettarda rhabdocalyx*; 1860 – *Chiococca sp. nov.*

Alcoforado-Filho, F.G. 362 – *Guettarda viburnoides*.

Anderson, W.R. 36482 – *Borreria reflexa*; 36674 – *Declieuxia fruticosa*.

Andrade, I.M. 28 – *Palicourea guianensis*; 66 – *Chiococca alba*; 150 – *Psychotria deflexa*; 175 – *Psychotria sessilis*; 176 – *Psychotria schlechtendaliana*.

Andrade, K. 75 – *Staelia aurea*; 246 – *Alibertia rigida*; 262 – *Alibertia rigida*; 292 – *Tocoyena formosa*; 311 – *Alibertia concolor*; 313 – *Alibertia rigida*.

Andrade-Lima 52–1029 – *Leptoscela ruellioides*; 55–2016 – *Leptoscela ruellioides*; 55–2085 – *Oldenlandia tenuis*; 68–5369 – *Oldenlandia corymbosa*.

Araujo, A. 4 – *Leptoscela ruellioides* .

Araujo, F. 129 – *Oldenlandia tenuis* .

Arbo, M.M. 5404 – *Mitracarpus villosus*; 5408 – *Diodia radula*; 5537 – *Psychotria astrellantha*; 5548 – *Borreria oligodonta*; 5569 – *Borreria cymosa*; 5717 – *Borreria oligodonta*; 5722 – *Mitracarpus villosus*; 5751 – *Augusta longifolia*; 5778 – *Borreria verticillata*; 5794 – *Borreria oligodonta*.

Atkins, S. IN PCD 4662 – *Alseis floribunda*; IN PCD 4685 – *Rudgea jacobinensis*; IN PCD 4699 – *Amaioua intermedia*; IN PCD 4926 – *Manettia cordifolia*; IN PCD 5682 – *Manettia cordifolia* var. *attenuata*; IN PCD 5683 – *Declieuxia fruticosa*; IN PCD 5821 – *Alibertia concolor*; IN CFCR 14769 – *Tocoyena formosa*; IN CFCR 14769A *Tocoyena formosa*; IN CFCR 14886 – *Declieuxia fruticosa*.

Bandeira, F.P. 177 – *Diodia apiculata*; 185 – *Diodia apiculata*; 215 – *Diodia radula*; 221 – *Staelia aurea*; 253 – *Mitracarpus megapotamicus*.

Bautista, H.P. 369 – *Manettia cordifolia*; 777 – *Guettarda platypoda*; 807 – *Pagamea harleyi*; 816 – *Borreria tenera*; 821 – *Guettarda platypoda*; 838 – *Mitracarpus peladilla*; 840 – *Guettarda platypoda*; IN PCD 3603 – *Declieuxia fruticosa*; IN PCD 3624 – *Oldenlandia sp. nov. aff. filicaulis*; IN PCD 3870 – *Declieuxia fruticosa*; IN PCD 3872 – *Palicourea rigida*; 3885 – *Faramea cyanea*; IN PCD 4016 – *Palicourea marcgravii*; IN PCD 4031 – *Galianthe brasiliensis* subsp. *brasiliensis*; IN PCD 4322 – *Declieuxia fruticosa*; IN PCD 4343 – *Palicourea rigida*.

Belém, R.P. 3478 – *Palicourea guianensis* .

Blanchet s.n. – *Spermacoce prostrata*; s.n. – *Mitracarpus villosus*; s.n. – *Sabicea grisea*; s.n. – *Psychotria barbiflora*; s.n. – *Psyllocarpus asparagoides*; s.n. – *Richardia grandiflora*; s.n. – *Emmeorhiza umbellata*; 642 *Psychotria minutiflora*; 2333 *Coussarea bahiensis*; 2389 – *Chomelia anisomeris*; 2399 – *Leptoscela ruellioides*; 2411 – *Emmeorhiza umbellata*; 2534 – *Psyllocarpus asparagoides*; 2539 – *Guettarda sericea*; 2557 – *Molopanthera paniculata*; 2557A *Molopanthera paniculata*; 2557B *Molopanthera paniculata*; 2565 – *Diodia apiculata*; 2565 – *Diodia apiculata*; 2571 – *Declieuxia fruticosa*; 2619 – *Borreria capitata*; 2675 – *Machaonia acuminata*; 2699 – *Palicourea marcgravii*; [Moricand] 2699 – *Palicourea marcgravii*; 2742 – *Oldenlandia filicaulis*; 2742A *Oldenlandia filicaulis*; 2809 – *Declieuxia fruticosa*; 2829 – *Borojoa lanceolata*; 2829A *Borojoa lanceolata*; 2838 – *Coutarea hexandra*; 2838A *Coutarea hexandra*; 2847 – *Declieuxia saturejoides*; 2847A *Declieuxia saturejoides*; 2878 – *Guettarda rhabdocalyx*; 3088 – *Guettarda paludosa*; 3101A *Mitracarpus frigidus*; 3122 – *Galianthe brasiliensis* subsp. *brasiliensis*; 3125A *Mitracarpus villosus*; 3125 – *Mitracarpus lhotzkyanus*; 3282A *Molopanthera paniculata*; 3282 – *Molopanthera paniculata*; 3311 – *Malanea macrophylla* f. *bahiensis*; 3326 – *Alibertia sessilis*; 3378 – *Declieuxia aspalathoides*; 3407 – *Oldenlandia salzmannii*; 3600 – *Manettia cordifolia*; 3605 – *Staelia thymbroides*; 3751 – *Declieuxia fruticosa*; 3982 – *Psychotria minutiflora* .

Bogner 1188 – *Declieuxia fruticosa*; 1206 – *Psychotria bracteocardia*.

Bolland, B.G.C. s.n. – *Diacrodon compressus*; 33 – *Psychotria schlechtendaliana*.

Bona Nascimento, M.S. 539 – *Chomelia obtusa*.

Boom, B.M 1066 – *Manettia cordifolia* var. *glabra*; 1285 – *Perama harleyi*.

Borges, M. 26 – *Psychotria sessilis*.

Callejas, R. 1546 – *Faramea sp. 2* –; 1642 – *Psychotria racemosa*; 1644 – *Faramea blanchetiana*; 1763 – *Psychotria subtriflora*.

Campelo, M.J. 40 – *Randia nitida*.

Carvalho, A.M. 156 – *Psychotria chaenotricha*; 164 – *Coccocypselum anomalum*; 167 – *Psychotria stachyoides*; 177 – *Guettarda platypoda*; 201 – *Chomelia intercedens*; 214 – *Malanea sp.*; 265 – *Gonzalagunia dicocca*; 268 – *Psychotria carthagenensis*; 274 – *Psychotria carthagenensis*; 284 – *Coussarea bahiensis*; 287 – *Hillia viridiflora*; 293 – *Psychotria racemosa*; 297 – *Psychotria bahiensis*; 867 – *Amaioua guianensis*; 920 – *Perama hirsuta*; 925 – *Palicourea blanchetiana*; IN PCD 948 – *Psychotria hoffmannseggiana*; IN PCD 977 – *Hillia parasitica*; 984 – *Palicourea veterinariorum*; IN PCD 989A *Declieuxia aspalathoides*; IN PCD 989 – *Declieuxia aspalathoides*; IN PCD 996 – *Psychotria stachyoides*; IN PCD 1037 – *Palicourea veterinariorum*; IN PCD 1038 – *Palicourea marcgravii*; 1040 –

Palicourea marcgravii; 1066 – *Augusta longifolia;* 1109 – *Guettarda platypoda;* 1126 – *Amaioua intermedia* var. *brasiliana;* 2043 – *Coussarea racemosa;* 2119 – *Coutarea hexandra;* IN PCD 2150 – *Palicourea marcgravii;* IN PCD 2152 – *Palicourea veterinariorum;* IN PCD 2179 – *Augusta longifolia;* 2381 – *Chiococca alba.*

Carvalho, J.H. 601 – *Palicourea marcgravii.*

Catharino, R.L.M. 1294 – *Genipa americana.*

Chamisso s.n. – *Richardia grandiflora;* s.n. – *Chiococca alba;* 142 – *Sipanea biflora.*

Collares, J.E.R. 155 – *Richardia grandiflora;* 164 – *Borreria scabiosoides;* 175 – *Diodia apiculata.*

Coradin, L. 5847 – *Chiococca alba;* 5969 – *Diodia apiculata;* 5970 – *Borreria* sp.; 6044 – *Diodia radula;* 6068 – *Staelia virgata;* 6077 – *Chiococca alba;* 6095 – *Diodia radula;* 6097 – *Mitracarpus rigidifolius;* 6145 – *Staelia aurea;* 6217 – *Diodia apiculata;* 6252 – *Staelia thymoides;* 6253 – *Diodia radula;* 6254 – *Diodia apiculata;* 6304 – *Mitracarpus rigidifolius;* 6325 – *Richardia brasiliensis;* 6352 – *Simira* sp.; 6392 – *Diodia apiculata;* 6393 – *Staelia virgata;* 6400 – *Declieuxia fruticosa;* 6410 – *Borreria verticillata;* 6429 – *Richardia grandiflora;* 6435 – *Mitracarpus lhotzkyanus;* 6512 – *Palicourea marcgravii;* 6512A *Palicourea marcgravii;* 6514 – *Mitracarpus frigidus;* 6515 – *Mitracarpus frigidus;* 6596 – *Staelia aurea;* 6598 – *Borreria latifolia.*

Correia, M. 166 – *Psychotria bahiensis;* 308 – *Coussarea bahiensis.*

Costa e Silva, M.B. s.n. – *Psychotria sessilis;* 253 – *Staelia aurea.*

Costa, J. IN PCD 1759 – *Alibertia concolor;* IN PCD 1816 – *Oldenlandia* sp. nov. aff. *filicaulis;* IN PCD 1849 – *Diodia apiculata;* IN PCD 1850 – *Declieuxia fruticosa;* 1861 – *Chomelia ribesioides;* IN PCD 1898 – *Psychotria hoffmannseggiana* .

Costa, K.C. 8 – *Alibertia rigida;* 143 – *Alibertia rigida.*

Costa-Neto, E. 25 – *Staelia virgata.*

Darwin, C. 213 – *Richardia grandiflora;* C. 220 – *Borreria verticillata.*

Dutra, E. de A. 9 – *Diodia apiculata.*

Eiten, G. 4770 – *Alibertia myrciifolia;* 10883 – *Richardia grandiflora;* 10890 – *Mitracarpus villosus.*

Ellison, C.A FOX 42 – *Chomelia anisomeris.*

Farney, C. 2648 – *Palicourea marcgravii;* 903 – *Staelia thymbroides;* 1096 – *Mitracarpus villosus;* 1098 – *Guettarda platypoda;* 1127 – *Psychotria carthagenensis;* 1151 – *Perama hirsuta;* 1163 – *Perama hirsuta;* 1177 – *Leptoscela ruellioides;* 1206 – *Tocoyena formosa;* 1281 – *Diodia apiculata;* 1371 – *Leptoscela ruellioides;* 1388 – *Emmeorhiza umbellata;* 1523 – *Alibertia myrciifolia;* 1557 – *Borreria ocymifolia;* 1575 – *Borreria humifusa;* 1641 – *Staelia aurea;* 1734 – *Psychotria appendiculata;* 1757 – *Alibertia myrciifolia;* 2332 – *Diodia apiculata;* 2341 – *Palicourea marcgravii;* 2362 – *Declieuxia fruticosa;* 2647 – *Mitracarpus anthospermoides;* 2691 – *Psychotria jambosioides;* 2724 – *Palicourea veterinariorum;* 4660 – *Psychotria carthagenensis;* 4672 – *Psychotria leiocarpa;* 4676 – *Coccocypselum lanceolatum;* 4677 – *Psychotria*

schlechtendaliana; 4678 – *Psychotria hoffmannseggiana;* 4712 – *Hamelia patens;* EAN 6579 – *Borreria ocymifolia;* EAN 6595 – *Hamelia patens.*

Ferraz, E. 257 – *Faramea multiflora;* 275 – *Faramea multiflora;* 334 – *Psychotria carthagenensis;* 751 – *Ixora venulosa;* 786 – *Chomelia* sp. 1 –; 810 – *Malanea macrophylla* f. *bahiensis;* 849 – *Amaioua guianensis;* 860 – *Coccocypselum cordifolium;* 864 – *Faramea multiflora.*

Ferreira, M.C. IN PCD 16 – *Mitracarpus villosus;* IN PCD 1795 – *Alibertia myrciifolia;* 1878 – *Rudgea jacobinensis.*

Ferreira, P.C. 311 – *Leptoscela ruellioides;* M 33 – *Borreria humifusa;* M 35 – *Psychotria hoffmannseggiana;* M 55 – *Emmeorhiza umbellata;* M 94 – *Palicourea marcgravii;* M 96 – *Psychotria colorata;* M 98 – *Diodia sarmentosa;* M 99 – *Psychotria hoffmannseggiana;* M 136 – *Staelia vestita;* M 147 – *Richardia grandiflora;* M 163 – *Guettarda platyphylla;* M 163A *Guettarda platyphylla;* M 397 – *Psychotria bahiensis;* M 397A *Psychotria bahiensis;* M 512 – *Psychotria bahiensis;* 573 – *Guettarda angelica.*

Figueiredo, L.S. 25 – *Alibertia concolor;* 47 – *Declieuxia fruticosa.*

Fothergill, J.M. 66 – *Coccocypselum guianense* var. *guianense*

França, F. 888 – *Palicourea blanchetiana;* 898 – *Palicourea guianensis;* 900 – *Psychotria stachyoides;* 913 – *Malanea martiana;* 961 – *Declieuxia aspalathoides;* 977 – *Leptoscela ruellioides;* 1022 – *Declieuxia fruticosa;* 1132 – *Guettarda platypoda;* 1136 – *Tocoyena brasiliensis;* 1158 – *Coutarea alba;* 1218 – *Machaonia acuminata;* 1328 – *Emmeorhiza umbellata;* 1527 – *Leptoscela ruellioides;* IN PCD 2473 – *Randia nitida;* IN PCD 5912 – *Hillia parasitica;* IN PCD 5923 – *Hillia parasitica.*

Freire, E. 123 – *Chiococca alba.*

Freitas, I. 3 – *Mitracarpus lhotzkyanus;* IN CFCR 406 – *Palicourea marcgravii;* IN CFCR 1682 – *Borojoa lanceolata;* IN CFCR 1698 – *Declieuxia fruticosa;* IN CFCR 1970 – *Diodia apiculata;* IN CFCR 2034 – *Palicourea rigida;* IN CFCR 2052 – *Diodia apiculata;* IN CFCR 7130 – *Declieuxia fruticosa;* IN CFCR 7168 – *Hillia parasitica;* IN CFCR 7202 – *Palicourea marcgravii.*

Ganev, W. 1 – *Manettia cordifolia;* 108 – *Borreria gracillima;* 168 – *Ixora venulosa;* 240 – *Declieuxia fruticosa;* 267 – *Diodia sarmentosa;* 304 – *Chiococca alba;* 389 – *Richardia grandiflora;* 453 – *Emmeorhiza umbellata;* 458 – *Staelia reflexa;* 492 – *Alibertia elliptica;* 509 – *Borreria capitata;* 519 – *Staelia catechosperma;* 555 – *Retiniphyllum laxiflorum;* 583 – *Faramea cyanea;* 664 – *Mitracarpus villosus;* 745 – *Alibertia rigida;* 759 – *Psyllocarpus asparagoides;* 761 – *Alibertia concolor;* 774 – *Declieuxia aspalathoides;* 886 – *Emmeorhiza umbellata;* 1116 – *Galianthe brasiliensis* subsp. *brasiliensis;* 1225 – *Alibertia myrciifolia;* 1269 – *Faramea cyanea;* 1281 – *Declieuxia aspalathoides;* 1361 – *Palicourea rigida;* 1407 – *Chomelia ribesioides;* 1418 – *Alibertia elliptica;* 1434 – *Psychotria sessilis;* 1448 – *Psychotria stachyoides;*

1449 – *Coccocypselum lanceolatum;* 1456 – *Declieuxia saturejoides;* 1458 – *Declieuxia cacuminis* var. *glabra;* 1474 – *Faramea cyanea;* 1484 – *Palicourea marcgravii;* 1486 – *Hindsia sessilifolia;* 1503 – *Chomelia ribesioides;* 1522 – *Psychotria bahiensis;* 1546 – *Borojoa lanceolata;* 1549 – *Psychotria bahiensis;* 1581 – *Alibertia myrciifolia;* 1591 – *Diodia* sp. nov.; 1620 – *Diodia* sp. nov.; 1744 – *Coutarea hexandra;* 1748 – *Tocoyena formosa;* 1756 – *Palicourea marcgravii;* 1761 – *Ixora venulosa;* 1770 – *Guettarda platypoda;* 1777 – *Faramea cyanea;* 1871 – *Retiniphyllum laxiflorum;* 1893 – *Alibertia concolor;* 1954 – *Alibertia concolor;* 1955 – *Declieuxia fruticosa;* 1957 – *Declieuxia aspalathoides;* 1984 – *Alibertia concolor;* 1986 – *Borojoa lanceolata;* 1987 – *Augusta longifolia;* 2000 – *Oldenlandia salzmannii;* 2010 – *Declieuxia fruticosa;* 2079 – *Perama hirsuta;* 2151 – *Emmeorhiza umbellata;* 2180 – *Retiniphyllum laxiflorum;* 2185 – *Declieuxia fruticosa;* 2215 – *Alibertia myrciifolia;* 2266 – *Mitracarpus lhotzkyanus;* 2279 – *Declieuxia saturejoides;* 2340 – *Declieuxia aspalathoides;* 2343 – *Staelia virgata;* 2375 – *Borojoa lanceolata;* 2396 – *Palicourea marcgravii;* 2400 – *Alibertia sessilis;* 2401 – *Psychotria subtriflora;* 2418 – *Palicourea rigida;* 2436 – *Chomelia ribesioides;* 2457 – *Hillia parasitica;* 2471 – *Coccocypselum aureum;* 2472 – *Declieuxia aspalathoides;* 2484 – *Psychotria capitata;* 2488 – *Ixora venulosa;* 2489 – *Ixora venulosa;* 2533 – *Declieuxia aspalathoides;* 2749 – *Chiococca alba;* 2787 – *Psychotria stachyoides;* 2830 – *Declieuxia aspalathoides;* 2847 – *Ixora venulosa;* 2854 – *Psychotria subtriflora;* 2865 – *Declieuxia fruticosa;* 2919 – *Alibertia concolor;* 2961 – *Palicourea marcgravii;* 2971 – *Chiococca alba;* 2972 – *Augusta longifolia;* 3041 – *Manettia cordifolia;* 3056 – *Alibertia concolor;* 3059 – *Psychotria leiocarpa;* 3065 – *Hillia parasitica;* 3084 – *Galium hypocarpium;* 3107 – *Alibertia concolor;* 3111 – *Borreria capitata;* 3135 – *Mitracarpus frigidus;* 3156 – *Chomelia ribesioides;* 3179 – *Rudgea irregularis;* 3188 – *Manettia cordifolia;* 3191 – *Diodia apiculata;* 3193 – *Retiniphyllum laxiflorum;* 3204 – *Declieuxia aspalathoides;* 3231 – *Declieuxia aspalathoides;* 3263 – *Declieuxia aspalathoides;* 3276 – *Alibertia concolor;* 3300 – *Hindsia sessilifolia;* 3315 – *Manettia cordifolia;* 3343 – *Declieuxia aspalathoides;* 3349 – *Declieuxia fruticosa;* 3361 – *Retiniphyllum laxiflorum;* 3373 – *Declieuxia aspalathoides;* 3428 – *Mitracarpus frigidus;* 3453 – *Alibertia rigida;* 3545 – *Alibertia concolor;* 3584 – *Alibertia concolor;* IN H 53324 – *Manettia cordifolia.*

Gardner s.n. – *Manettia cordifolia;* s.n. – *Coccocypselum lanceolatum;* s.n. – *Faramea nitida;* s.n. – *Borreria scabiosoides;* s.n. – *Psychotria barbiflora;* s.n. – *Palicourea marcgravii;* 447 – *Palicourea gardneriana;* 450 – *Coutarea hexandra;* 453 – *Psychotria leiocarpa;* 882 – *Mitracarpus villosus;* 1033 – *Spermacoce prostrata;* 1034 – *Borreria scabiosoides;* 1035 – *Richardia grandiflora;* 1036 – *Borreria ocymifolia;* 1036 – *Borreria scabiosoides;* 1037 – *Diodia apiculata;* 1038 –

Chomelia anisomeris; 1039 – *Psychotria capitata;* 1040 – *Palicourea blanchetiana;* 1041 – *Salzmannia nitida;* 1042 – *Genipa americana;* 1043 – *Tocoyena brasiliensis;* 1048 – *Palicourea blanchetiana;* 1152 – *Guettarda platypoda;* 1156 – *Guettarda platypoda;* 1317 – *Salzmannia nitida;* 1334 – *Spermacoce prostrata;* 1334 – *Mitracarpus villosus;* 1335 – *Staelia galioides;* 1336 – *Machaonia acuminata;* 1338 – *Sabicea grisea;* 1339 – *Psychotria bahiensis;* 1687 – *Alibertia sessilis;* 1690 – *Psychotria bracteocardia;* 1692 – *Randia nitida;* 1692A *Randia nitida;* 1693 – *Faramea nitida;* 1694 – *Chomelia obtusa;* 1695 – *Coussarea cornifolia;* 1695A *Coussarea cornifolia;* 1696 – *Guettarda viburnoides;* 1698 – *Paederia brasiliensis;* 1700A *Machaonia brasiliensis;* 1700 – *Machaonia brasiliensis;* 1700 – *Machaonia spinosa;* 1701 – *Declieuxia fruticosa;* 1701A *Declieuxia fruticosa;* 1702 – *Declieuxia fruticosa;* 1703 – *Borreria scabiosoides;* 1704 – *Mitracarpus frigidus;* 1706 – *Staelia aurea;* 1707A *Borreria scabiosoides;* 1707 – *Diodia apiculata;* 1708 – *Borreria densiflora;* 1708A *Borreria densiflora;* 1710 – *Emmeorhiza umbellata;* 1711 – *Borreria verticillata;* 1941 – *Chiococca alba;* 1961A *Chiococca alba;* 1962 – *Psychotria bracteocardia;* 1965 – *Psychotria carthagenensis;* 1965 – *Coussarea cornifolia;* 2187 – *Staelia vestita;* 2187A *Staelia vestita;* 2188 – *Mitracarpus* sp.; 2189 – *Spermacoce prostrata;* 2190 – *Diodia rosmarinifolia;* 2191 – *Diodia apiculata;* 2192 – *Staelia aurea;* 2192A *Staelia aurea;* 2193 – *Borreria decipiens;* 2193A *Borreria decipiens;* 2194 – *Richardia grandiflora;* 2197 – *Tocoyena* sp.; 2313 – *Simira gardneriana;* 2313A *Simira gardneriana;* 2418 – *Richardia brasiliensis;* 2637 – *Staelia aurea;* 2638 – *Palicourea marcgravii;* 2639 – *Oldenlandia filicaulis;* 2640 – *Psychotria carthagenensis;* 2640A *Psychotria carthagenensis;* 2887 – *Emmeorhiza umbellata;* 2888 – *Borreria capitata;* 2889 – *Staelia reflexa;* 2890 – *Psychotria xantholoba;* 2891 – *Pagamea plicata* var. *glabrescens;* 2891 – *Pagamea plicata* var. *glabrescens;* 5493 – *Psychotria bahiensis.*

Gasson, P. IN PCD 5934 – *Alibertia concolor;* IN PCD 6188 – *Sabicea cinerea;* IN PCD 6193 – *Malanea macrophylla;* IN PCD 6195 – *Psychotria carthagenensis;* IN PCD 6204 – *Amaioua intermedia.*

Giulietti, A.M. IN PCD 775 – *Palicourea marcgravii;* IN PCD 793 – *Oldenlandia salzmannii;* IN PCD 810 – *Alibertia concolor;* IN PCD 811 – *Palicourea veterinariorum;* IN PCD 887 – *Mitracarpus frigidus;* IN PCD 1129 – *Oldenlandia salzmannii;* IN CFCR 1205 – *Staelia virgata;* IN CFCR 1220 – *Mitracarpus villosus;* IN CFCR 1237 – *Palicourea rigida;* IN CFCR 1241 – *Mitracarpus villosus;* IN CFCR 1242 – *Declieuxia aspalathoides;* IN CFCR 1302 – *Psyllocarpus asparagoides;* IN CFCR 1311 – *Emmeorhiza umbellata;* IN CFCR 1352 – *Declieuxia aspalathoides;* IN CFCR 1357 – *Oldenlandia salzmannii;* IN CFCR 1358 – *Declieuxia fruticosa;* IN PCD 1531 – *Malanea macrophylla;* IN PCD 1588 – *Pagamea coriacea;* IN PCD 1589 – *Pagamea coriacea;* IN PCD 1593 – *Psychotria hoffmannseggiana;* IN PCD 1614 – *Malanea macrophylla;* IN

PCD 1615 – *Psychotria carthagenensis;* IN PCD 1615A *Psychotria carthagenensis;* IN PCD 1615B *Psychotria carthagenensis;* IN PCD 5499 – *Machaonia acuminata;* IN CFCR 6936 – *Chiococca alba.*

Glocker 4 (65) *Mitracarpus frigidus;* 4 (65) *Emmeorhiza umbellata;* 4 (65) *Borreria humifusa;* 22 – *Mitracarpus frigidus* var. *salzmannianus;* 40 – *Diodia apiculata;* 46 – *Psychotria carthagenensis;* 64 – *Richardia grandiflora;* 148 – *Hamelia patens.*

Gomes, A.P.S. 16 – *Tocoyena formosa;* 23 – *Leptoscela ruellioides;* 88 – *Staelia virgata;* 129 – *Emmeorhiza umbellata;* 210 – *Randia nitida.*

Gregory, H.L. 5–82 – *Richardia grandiflora.*

Guedes, M.L. IN PCD 394 – *Palicourea rigida;* IN PCD 470 – *Richardia grandiflora;* IN PCD 471 – *Diodia apiculata;* IN PCD 476 – *Psyllocarpus asparagoides;* 1430 – *Chomelia ribesioides;* IN PCD 1431 – *Palicourea rigida;* IN PCD 1431A *Palicourea rigida;* IN PCD 1461 – *Declieuxia fruticosa;* IN PCD 1461A *Declieuxia fruticosa;* IN PCD 1513 – *Declieuxia fruticosa;* IN PCD 1517 – *Palicourea veterinariorum;* IN PCD 1947 – *Palicourea rigida;* IN PCD 1992 – *Psychotria carthagenensis;* IN PCD 1992A *Psychotria carthagenensis;* IN PCD 2025 – *Declieuxia fruticosa;* IN PCD 2055 – *Psychotria hoffmannseggiana;* IN PCD 2101 – *Palicourea rigida;* IN PCD 2109 – *Sabicea cinerea;* IN PCD 2116 – *Malanea macrophylla;* IN PCD 2124 – *Manettia cordifolia;* IN PCD 4627 – *Machaonia acuminata;* IN PCD 4969 – *Rudgea irregularis;* IN PCD 4973 – *Declieuxia fruticosa;* IN PCD 5328 – *Diodia apiculata;* IN PCD 5340 – *Psyllocarpus asparagoides;* IN PCD 5515 – *Manettia cordifolia* var. *attenuata;* IN PCD 5525 – *Diodia apiculata;* IN PCD 5614 – *Palicourea marcgravii.*

Harley, R.M. 209 – *Psychotria jambosioides;* IN PCD 4451 – *Declieuxia fruticosa;* IN PCD 6091 – *Rudgea jacobinensis;* IN PCD 6093 – *Chiococca alba;* IN CFCR 6821 – *Declieuxia aspalathoides;* IN CFCR 7440 – *Declieuxia fruticosa;* IN CFCR 7636 – *Diodia apiculata;* IN CFCR 14048 – *Oldenlandia salzmannii;* IN CFCR 14244 – *Diodia apiculata;* IN CFCR 14295 – *Oldenlandia* sp. nov. aff. *filicaulis;* 15055 – *Psyllocarpus asparagoides;* 15105 – *Palicourea rigida;* 15126 – *Declieuxia aspalathoides;* 15170 – *Declieuxia fruticosa;* 15176 – *Borojoa lanceolata;* 15177 – *Chiococca alba;* 15193 – *Declieuxia fruticosa;* 15213 – *Diodia radula;* 15219 – *Palicourea marcgravii;* 15226 – *Diodia teres;* 15233 – *Psychotria xantholoba;* 15247 – *Coutarea hexandra;* 15283 – *Borojoa lanceolata;* 15287 – *Palicourea marcgravii;* 15326 – *Randia hirta;* 15355 – *Psyllocarpus asparagoides;* 15384 – *Galianthe brasiliensis* subsp. *brasiliensis;* 15385 – *Coccocypselum lanceolatum;* 15389 – *Manettia cordifolia* var. *glabra;* 15441 – *Declieuxia aspalathoides;* 15514 – *Oldenlandia salzmannii;* 15553 – *Diodia apiculata;* 15582 – *Manettia cordifolia* var. *attenuata;* 15601 – *Declieuxia fruticosa;* 15623 – *Richardia grandiflora;* 15654 – *Amaioua pilosa;* 15731 – *Alibertia concolor;* 15733 – *Staelia virgata;* 15773 – *Borreria capitata;* 15809 – *Galium noxium;* 15832 – *Declieuxia marioides;* 15918 – *Palicourea marcgravii;* 16018 – *Borreria laevis;* 16038 – *Perama harleyi;* 16042 – *Declieuxia aspalathoides;* 16053 – *Galianthe brasiliensis* subsp. *brasiliensis;* 16134 – *Psychotria phyllocalymmoides;* 16138 – *Coccocypselum cordifolium;* 16182 – *Tocoyena formosa;* 16224 – *Alibertia rigida;* 16341 – *Richardia grandiflora;* 16351 – *Staelia aurea;* 16399 – *Guettarda angelica;* 16428 – *Alseis floribunda;* 16467 – *Alibertia rigida;* 16505 – *Guettarda angelica;* 16510 – *Alseis floribunda;* 16510A *Alseis floribunda;* 16531 – *Declieuxia aspalathoides;* 16542 – *Declieuxia aspalathoides;* 16588 – *Galium noxium;* 16594 – *Coccocypselum lanceolatum;* 16650 – *Staelia virgata;* 16651 – *Mitracarpus rigidifolius;* 16700 – *Declieuxia fruticosa;* 16781 – *Declieuxia fruticosa;* 16826 – *Mitracarpus rigidifolius;* 16835 – *Staelia thymbroides;* 16837 – *Leptoscela ruellioides;* 16988 – *Mitracarpus megapotamicus;* 17015 – *Mitracarpus rigidifolius;* 17024 – *Diodia apiculata;* 17069 – *Pagamea harleyi;* 17086 – *Mitracarpus frigidus* var. *salzmannianus;* 17087 – *Chiococca alba;* 17102 – *Mitracarpus frigidus;* 17116 – *Chiococca alba;* 17116A *Chiococca alba;* 17159 – *Coccocypselum lanceolatum;* 17164 – *Psychotria phyllocalymmoides;* 17164A *Psychotria phyllocalymmoides;* 17165 – *Psychotria platypoda;* 17167 – *Coccocypselum cordifolium;* 17171 – *Palicourea guianensis;* 17172 – *Borreria ocymifolia;* 17178 – *Psychotria carthagenensis;* 17241 – *Salzmannia nitida;* 17311 – *Chiococca alba;* 17315 – *Staelia aurea;* 17332 – *Borreria cymosa;* 17340 – *Salzmannia nitida;* 17343 – *Perama hirsuta;* 17405 – *Psychotria bahiensis;* 17411 – *Psychotria jambosioides;* 17411A *Psychotria jambosioides;* 17413 – *Malanea harleyi;* 17413A *Malanea harleyi;* 17422 – *Coccocypselum anomalum;* 17423 – *Pagamea harleyi;* 17431 – *Oldenlandia salzmannii;* 17464 – *Staelia aurea;* 17495 – *Psychotria platypoda;* 17507 – *Psychotria nudiceps;* 17514 – *Palicourea guianensis* var. *occidentalis;* 17514A *Palicourea guianensis* var. *occidentalis;* 17517 – *Psychotria carthagenensis;* 17519 – *Gonzalagunia dicocca;* 17529 – *Augusta longifolia;* 17534 – *Gonzalagunia dicocca;* 17534A *Gonzalagunia dicocca;* 17547 – *Chiococca alba;* 17548 – *Psychotria carthagenensis;* 17557 – *Salzmannia nitida;* 17580 – *Mitracarpus frigidus;* 17610 – *Psychotria bahiensis;* 17611 – *Psychotria jambosioides;* 17819 – *Borreria ocymifolia;* 17825 – *Psychotria astrellantha;* 17826 – *Psychotria iodotricha;* 17828 – *Psychotria platypoda;* 17828A *Psychotria platypoda;* 17838 – *Psychotria deflexa;* 17855 – *Coccocypselum cordifolium;* 17868 – *Palicourea guianensis;* 17875 – *Borreria ocymifolia;* 17888 – *Psychotria leiocarpa;* 17892 – *Psychotria carthagenensis;* 17898 – *Posoqueria acutifolia;* 17930 – *Mitracarpus frigidus;* 17984 – *Palicourea blanchetiana;* 17989 – *Perama hirsuta;* 17995 – *Diodia gymnocephala;* 18002 – *Oldenlandia salzmannii;* 18061 – *Mitracarpus villosus;* 18108 – *Psychotria jambosioides;* 18110 – *Malanea macrophylla* f. *bahiensis;* 18113 – *Chiococca alba;* 18117 –

Borreria cymosa; 18146 – Psychotria barbiflora; 18159 – Pagamea harleyi; 18171 – Coccocypselum lanceolatum; 18172 – Psychotria jambosioides; 18184 – Stachyrrhaena harleyi; 18186 – Psychotria hastisepala; 18188 – Psychotria erecta; 18189 – Stachyrrhaena harleyi; 18207 – Diodia saponariifolia; 18315 – Psychotria carthagenensis; 18317 – Malanea macrophylla f. bahiensis; 18318 – Richardia grandiflora; 18326 – Faramea blanchetiana; 18380 – Psychotria bahiensis; 18383 – Malanea evenosa; 18394 – Psychotria bahiensis; 18410 – Psychotria bahiensis; 18421 – Psychotria hoffmannseggiana; 18450 – Gonzalagunia dicocca; 18452 – Augusta longifolia; 18477 – Pagamea guianensis; 18494 – Diodia apiculata; 18506 – Salzmannia nitida; 18512 – Borreria sp. nov.; 18538 – Guettarda platypoda; 18551 – Pagamea harleyi; 18596 – Declieuxia tenuiflora; 18623 – Coccocypselum cordifolium; 18636 – Declieuxia fruticosa; 18637 – Sabicea grisea; 18638 – Psychotria hoffmannseggiana; 18649 – Palicourea marcgravii; 18681 – Palicourea marcgravii; 18681A Palicourea marcgravii; 18684 – Manettia cordifolia; 18685 – Palicourea veterinariorum; 18723 – Diodia teres; 18737 – Declieuxia aspalathoides; 18853 – Declieuxia fruticosa; 18964 – Mitracarpus lhotzkyanus; 18981 – Staelia virgata; 18982 – Mitracarpus frigidus; 19012 – Mitracarpus rigidifolius; 19014 – Chomelia ribesioides; 19087 – Staelia virgata; 19099 – Richardia grandiflora; 19100 – Diodia teres; 19118 – Oldenlandia sp. nov. aff. filicaulis; 19243 – Coccocypselum hasslerianum; 19267 – Mitracarpus rigidifolius; 19288 – Staelia aurea; 19308 – Manettia cordifolia; 19309 – Hillia parasitica; 19362 – Declieuxia aspalathoides; 19369 – Diodia apiculata; 19378 – Oldenlandia salzmannii; 19465 – Guettarda angelica; 19475 – Gonzalagunia dicocca; 19494 – Declieuxia fruticosa; 19509 – Declieuxia fruticosa; 19527 – Manettia cordifolia; 19540 – Declieuxia fruticosa; 19544 – Palicourea rigida; 19600 – Alibertia concolor; 19606 – Declieuxia fruticosa; 19624 – Psyllocarpus asparagoides; 19645 – Borreria capitata; 19654 – Mitracarpus villosus; 19657 – Psyllocarpus asparagoides; 19684 – Hillia parasitica; 19691 – Declieuxia cacuminis var. glabra; 19692 – Galium noxium; 19713 – Alibertia concolor; 19741 – Richardia grandiflora; 19752 – Palicourea rigida; 19801 – Declieuxia fruticosa; 19816 – Psyllocarpus asparagoides; 19817 – Staelia aurea; 19834 – Galianthe brasiliensis subsp. brasiliensis; 19836 – Declieuxia fruticosa; 19873 – Borojoa lanceolata; 19893 – Borreria capitata; 19939 – Psyllocarpus asparagoides; 19942 – Declieuxia fruticosa; 19954 – Galianthe brasiliensis subsp. brasiliensis; 19979 – Declieuxia aspalathoides; 20002 – Manettia cordifolia; 20072 – Staelia aurea; 20077 – Psyllocarpus asparagoides; 20101 – Coccocypselum hasslerianum; 20106 – Augusta longifolia; 20111 – Mitracarpus lhotzkyanus; 20155 – Diodia apiculata; 20158 – Mitracarpus frigidus; 20166 – Chiococca alba; 20166A Chiococca alba; 20167 – Psychotria sessilis; 20178 – Palicourea blanchetiana; 20180 – Galianthe

brasiliensis subsp. brasiliensis; 20537 – Oldenlandia corymbosa; 20552 – Palicourea marcgravii; 20552A Palicourea marcgravii; 20635 – Declieuxia aspalathoides; 20706 – Psychotria sessilis; 20710 – Malanea evenosa; 20750 – Diodia apiculata; 20761 – Declieuxia fruticosa; 20770 – Palicourea rigida; 20775 – Diodia gymnocephala; 20776 – Declieuxia aspalathoides; 20795 – Staelia virgata; 20830 – Palicourea marcgravii; 20833 – Manettia cordifolia; 20844 – Declieuxia fruticosa; 20854A Manettia cordifolia var. attenuata; 20854 – Manettia cordifolia var. attenuata; 20860 – Hillia parasitica; 20864 – Declieuxia aspalathoides; 20903 – Galium hypocarpium; 20937 – Psychotria hoffmannseggiana; 20956 – Psyllocarpus asparagoides; 20975 – Alibertia concolor; 21010 – Perama harleyi; 21037 – Chiococca alba; 21094 – Richardia grandiflora; 21101 – Staelia aurea; 21137 – Diodia radula; 21182 – Emmeorhiza umbellata; 21200 – Staelia aurea; 21216 – Declieuxia cacuminis var. decurrens; 21240 – Staelia thymoides; 21297 – Palicourea rigida; 21310 – Oldenlandia salzmannii; 21325 – Mitracarpus villosus; 21326 – Manettia cordifolia; 21340 – Faramea cyanea; 21341 – Coccocypselum hasslerianum; 21470 – Declieuxia tenuiflora; 21488 – Richardia grandiflora; 21499 – Diodia teres; 21504 – Mitracarpus villosus; 21508 – Oldenlandia filicaulis; 21542 – Coutarea hexandra; 21585 – Diacrodon compressus; 21662 – Staelia aurea; 21673 – Psychotria carthagenensis; 21745 – Declieuxia fruticosa; 21747 – Diodia apiculata; 21752 – Staelia aurea; 21769 – Declieuxia fruticosa; 21770 – Mitracarpus steyermarkii; 21820 – Coccocypselum lanceolatum; 21867 – Borreria oligodonta; 21895 – Ferdinandusa speciosa; 21944 – Staelia thymbroides; 21953 – Oldenlandia tenuis; 22027 – Psychotria bahiensis; 22029 – Pagamea guianensis; 22030 – Borreria monodon; 22031 – Salzmannia nitida; 22037 – Pagamea guianensis; 22045 – Sabicea grisea; 22047 – Coccocypselum cordifolium; 22056 – Psychotria stachyoides; 22077 – Mitracarpus frigidus; 22082 – Palicourea guianensis; 22082A Palicourea guianensis; 22088 – Emmeorhiza umbellata; 22090 – Psychotria bracteocardia; 22112 – Psychotria jambosioides; 22112A Psychotria jambosioides; 22121 – Coutarea hexandra; 22125 – Psychotria bahiensis; 22126 – Chiococca alba; 22149 – Psychotria jambosioides; 22149A Psychotria jambosioides; 22197 – Declieuxia tenuiflora; 22221 – Coccocypselum hasslerianum; 22244 – Palicourea veterinariorum; 22279 – Manettia cordifolia; 22284 – Psyllocarpus asparagoides; 22315 – Palicourea marcgravii; 22352 – Manettia cordifolia; 22359 – Faramea cyanea; 22431 – Psychotria hoffmannseggiana; 22455 – Staelia virgata; 22477 – Mitracarpus anthospermoides; 22566 – Manettia cordifolia; 22570 – Declieuxia aspalathoides; 22636 – Coccocypselum lanceolatum; 22682 – Mitracarpus frigidus; 22721 – Declieuxia aspalathoides; 22746 – Staelia virgata; 22751 – Declieuxia aspalathoides; 22756 – Mitracarpus lhotzkyanus; 22756A Mitracarpus lhotzkyanus; 22773 – Hillia parasitica; 22821 –

Psyllocarpus asparagoides; 22823 – *Diodia apiculata;* 22840 – *Perama hirsuta;* 22855 – *Diodia radula;* 22886 – *Mitracarpus rigidifolius;* 22923 – *Diodia radula;* 22950 – *Declieuxia aspalathoides;* 22952 – *Diodia apiculata;* 22963 – *Psyllocarpus asparagoides;* 22982 – *Chiococca alba;* 22992 – *Leptoscela ruellioides;* 22992A *Leptoscela ruellioides;* 23003 – *Manettia cordifolia;* 23007 – *Borreria capitata;* 23011 – *Diodia radula;* 24106 – *Chiococca sp. nov.;* 24113 – *Alibertia sessilis;* 24162 – *Borreria gracillima;* 24268 – *Diodia apiculata;* 24269 – *Diodia radula;* 24309 – *Oldenlandia salzmannii;* 24364 – *Galianthe brasiliensis* subsp. *brasiliensis;* 24423 – *Alibertia concolor;* 24432 – *Declieuxia fruticosa;* 24445 – *Hillia parasitica;* 24450 – *Alibertia concolor;* 24453 – *Manettia cordifolia;* 24457 – *Declieuxia cacuminis* var. *glabra;* 24458 – *Declieuxia aspalathoides;* 24470 – *Psychotria stachyoides;* 24527 – *Palicourea marcgravii;* 24532 – *Psychotria subtriflora;* 24533 – *Psychotria leiocarpa;* 24585 – *Galium noxium;* 25063 – *Mitracarpus villosus;* 25302 – *Borreria verticillata;* 25378 – *Declieuxia fruticosa;* 25395 – *Diodia apiculata;* 25571 – *Declieuxia fruticosa;* 25581 – *Palicourea rigida;* 25586 – *Palicourea marcgravii;* 25590 – *Diodia multiflora;* 25593 – *Declieuxia fruticosa;* 25601 – *Borojoa lanceolata;* 25601A *Stachyrrhaena krukovii;* 25641 – *Chomelia ribesioides;* 25700 – *Diodia saponariifolia;* 25700A *Diodia saponariifolia;* 25701 – *Emmeorhiza umbellata;* 25705 – *Augusta longifolia;* 25721 – *Faramea cyanea;* 25737 – *Chomelia ribesioides;* 25742 – *Perama hirsuta;* 25751 – *Declieuxia fruticosa;* 25751A *Declieuxia fruticosa;* 25754 – *Palicourea rigida;* 25800 – *Perama harleyi;* 25814 – *Mitracarpus villosus;* 25815 – *Psyllocarpus asparagoides;* 25827 – *Chomelia ribesioides;* 25827A *Chomelia ribesioides;* 25881 – *Coccocypselum guianense* var. *guianense;* 25903 – *Oldenlandia salzmannii;* 25909 – *Galianthe brasiliensis* subsp. *brasiliensis;* 25909A *Galianthe brasiliensis* subsp. *brasiliensis;* 25927 – *Coccocypselum lanceolatum;* 25935 – *Psychotria xantholoba;* 25935A *Psychotria xantholoba;* 25957 – *Emmeorhiza umbellata;* 25963 – *Alibertia concolor;* 25986 – *Psyllocarpus asparagoides;* 25993 – *Borreria latifolia;* 25996 – *Alibertia concolor;* 26004 – *Palicourea rigida;* 26009 – *Diodia multiflora;* 26014 – *Declieuxia fruticosa;* 26056 – *Psyllocarpus asparagoides;* 26057 – *Oldenlandia salzmannii;* 26062 – *Palicourea marcgravii;* 26065 – *Richardia grandiflora;* 26067A *Diodia apiculata;* 26077 – *Declieuxia fruticosa;* 26078 – *Galianthe brasiliensis* subsp. *brasiliensis;* 26079 – *Augusta longifolia;* 26118 – *Declieuxia aspalathoides;* 26137 – *Mitracarpus lhotzkyanus;* 26169 – *Declieuxia fruticosa;* 26174 – *Declieuxia cacuminis* var. *glabra;* 26178 – *Declieuxia aspalathoides;* 26184 – *Psyllocarpus asparagoides;* 26209 – *Faramea cyanea;* 26210 – *Declieuxia aspalathoides;* 26228 – *Psychotria stachyoides;* 26286 – *Psyllocarpus asparagoides;* 26315 – *Psychotria stachyoides;* 26325 – *Mitracarpus villosus;* 26438 – *Declieuxia aspalathoides;* 26513 –

Mitracarpus villosus; 26525 – *Psychotria stachyoides;* 26614 – *Alibertia concolor;* 26622 – *Declieuxia fruticosa;* 26647 – *Psychotria stachyoides;* 26647 – *Psychotria stachyoides;* 26648 – *Faramea cyanea;* 26654 – *Posoqueria latifolia;* 26656 – *Galium noxium;* 26659 – *Declieuxia aspalathoides;* 26667 – *Hillia parasitica;* 26670 – *Palicourea marcgravii;* 26678 – *Palicourea rigida;* 26911 – *Declieuxia marioides;* 26924 – *Declieuxia fruticosa;* 26935 – *Declieuxia fruticosa;* 26965 – *Declieuxia cacuminis* var. *decurrens;* 26970 – *Manettia cordifolia* var. *attenuata;* 26988 – *Oldenlandia sp. nov. aff. filicaulis;* 27013 – *Palicourea rigida;* 27044 – *Palicourea marcgravii;* 27085 – *Tocoyena formosa;* 27085A *Tocoyena brasiliensis;* 27096 – *Diodia schumannii;* 27096A *Diodia multiflora;* 27098 – *Mitracarpus villosus;* 27153 – *Psychotria subtriflora;* 27154 – *Coccocypselum guianense* var. *guianense;* 27172 – *Emmeorhiza umbellata;* 27176 – *Mitracarpus lhotzkyanus;* 27202 – *Psychotria capitata;* 27239 – *Mitracarpus villosus;* 27268 – *Oldenlandia salzmannii;* 27407 – *Coccocypselum guianense* var. *guianense;* 27410 – *Manettia cordifolia* var. *attenuata;* 27425 – *Psychotria leiocarpa;* 27427 – *Alibertia concolor;* 27428 – *Alibertia concolor;* 27504 – *Declieuxia aspalathoides;* 27513 – *Declieuxia fruticosa;* 27536 – *Mitracarpus villosus;* 27566 – *Diodia apiculata;* 27571 – *Psyllocarpus asparagoides;* 27579 – *Faramea cyanea;* 27580 – *Augusta longifolia;* 27582 – *Borojoa lanceolata;* 27588 – *Tocoyena brasiliensis;* 27594 – *Psychotria capitata;* 27598 – *Declieuxia fruticosa;* 27641 – *Emmeorhiza umbellata;* 27645 – *Borreria capitata;* 27793 – *Spermacoce assurgens;* IN H 27822 – *Psychotria bahiensis;* 28300 – *Alibertia rigida;* 28405 – *Chiococca alba;* 28413 – *Psychotria schlechtendaliana;* 28431 – *Psychotria jambosioides;* 28577 – *Galianthe grandifolia;* 28578 – *Mitracarpus steyermarkii;* IN H 50132 – *Declieuxia aspalathoides;* IN H 50147 – *Palicourea marcgravii;* IN H 50152 – *Declieuxia fruticosa;* IN H 50156 – *Palicourea rigida;* IN H 50224 – *Coccocypselum cordifolium;* IN H 50250 – *Retiniphyllum laxiflorum;* IN H 50308 – *Galianthe brasiliensis* subsp. *brasiliensis;* IN H 50320 – *Psychotria bahiensis;* IN H 50369 – *Diodia sarmentosa;* IN H 50428 – *Mitracarpus frigidus;* IN H 50530 – *Psychotria bahiensis;* IN H 50534 – *Declieuxia aspalathoides;* IN H 50542 – *Psyllocarpus asparagoides;* IN H 50651 – *Declieuxia saturejoides;* IN H 50692 – *Chiococca alba;* IN H 50696 – *Palicourea marcgravii;* IN H 50697 – *Palicourea rigida;* IN H 50730 – *Mitracarpus villosus;* IN H 51209 – *Hindsia sessilifolia;* IN H 52002 – *Galium hypocarpium;* IN H 52097 – *Galium hypocarpium;* IN H 52098 – *Galium noxium;* IN H 53337 – *Rudgea irregularis.*

Hatschbach, G. 48324 – *Manettia cordifolia;* 48738 – *Psychotria bahiensis;* 48764 – *Psychotria carthagenensis;* 49459 – *Chiococca alba;* 50114 – *Palicourea marcgravii;* 53501 – *Psychotria platypoda;* 56681 – *Augusta longifolia;* 56685B *Borreria capitata;* 56688 – *Galianthe brasiliensis* subsp. *brasiliensis;* 56726 – *Psyllocarpus asparagoides;* 56738 – *Declieuxia* aspalathoides; 56759 – *Declieuxia fruticosa;* 56878 – *Mitracarpus villosus;* 56886 – *Psyllocarpus asparagoides;* 56938 – *Palicourea blanchetiana;* 56960 – *Staelia virgata;* 56985 – *Gonzalagunia dicocca;* 57006 – *Borreria monodon;* 57018 – *Psychotria jambosioides.*

Henrique, V.V. 29 – *Psychotria deflexa.*

Heringer, E.P. 352 – *Oldenlandia filicaulis;* 774 – *Leptoscela ruellioides;* 827 – *Leptoscela ruellioides;* 910 – *Leptoscela ruellioides.*

Hind, D.J.N. 43 – *Amaioua guianensis;* 44 – *Psychotria jambosioides;* IN PCD 4078 – *Emmeorhiza umbellata;* IN PCD 4131 – *Declieuxia fruticosa;* IN PCD 4146 – *Declieuxia aspalathoides;* IN PCD 4244 – *Augusta longifolia;* IN PCD 4254 – *Borojoa lanceolata;* IN PCD 4273 – *Diodia saponariifolia;* IN PCD 4416 – *Tocoyena brasiliensis;* IN H 50041 – *Declieuxia fruticosa;* IN H 50277 – *Coccocypselum lanceolatum;* IN H 50482 – *Augusta longifolia;* IN H 50483 – *Psychotria bahiensis;* IN H 50580 – *Tocoyena formosa;* IN H 50925 – *Diodia sarmentosa;* IN H 50927 – *Psychotria stachyoides;* IN H 51413 – *Declieuxia fruticosa.*

Hora, M.J. 73 – *alicourea marcgravii.*

Inacio, E. 63 – *Psychotria sessilis;* 124 – *Psychotria sessilis;* 157 – *Palicourea guianensis;* 157A *Palicourea guianensis;* 158 – *Palicourea marcgravii;* 163 – *Faramea multiflora;* 207 – *Coutarea hexandra.*

Irwin, H.S. 14605 – *Mitracarpus villosus;* 14635 – *Ferdinandusa elliptica;* 14689A *Borreria wunschmannii;* 14690 – *Mitracarpus steyermarkii;* 14725 – *Declieuxia oenanthoides;* 14765 – *Posoqueria latifolia;* 14769 – *Coccocypselum hasslerianum;* 14771 – *Psychotria hoffmannseggiana;* 14818 – *Borreria reflexa;* 14841 – *Perama hirsuta;* 14886 – *Mitracarpus megapotamicus;* 14905 – *Borreria wunschmannii;* 30953 – *Declieuxia aspalathoides;* 30956 – *Declieuxia fruticosa;* 31313 – *Tocoyena formosa;* 32563 – *Declieuxia fruticosa.*

Kallunki, J.A. 412 – *Gonzalagunia dicocca.*

Kirkbride. J.H. 4611 – *Psychotria bahiensis;* 4621 – *Guettarda platypoda;* 4627 – *Chiococca sp. nov.;* 4631 – *Alibertia sessilis.*

Krieger, P.L. & Sabino 16871 – *Mitracarpus frigidus.*

Laessoe, T. IN H 52307 – *Oldenlandia sp. nov. aff. filicaulis;* IN H 52328 – *Manettia cordifolia;* IN H 52329 – *Palicourea marcgravii;* IN H 52573 – *Coccocypselum aureum;* IN H 52586 – *Diodia sarmentosa;* IN H 52597 – *Psychotria subtriflora.*

Langsdorff s.n. – *Mitracarpus frigidus.*

Laurênio, A. 33 – *Mitracarpus megapotamicus;* 109 – *Randia nitida;* 237 – *Malanea macrophylla* f. *bahiensis;* 263 – *Genipa americana;* 345 – *Tocoyena formosa;* 829 – *Rudgea erythrocarpa.*

Lemos Froes, R. 19957 – *Alseis pickelii;* 20106 – *Coutarea hexandra;* 20190 – *Psychotria jambosioides.*

Lewis, G.P. 794 – *Perama hirsuta;* 857 – *Coccocypselum hasslerianum;* 885 – *Manettia cordifolia* var. *glabra;* IN CFCR 6993 – *Psychotria subtriflora;* IN CFCR 7041 – *Retiniphyllum maguirei;* IN CFCR 7052 – *Declieuxia fruticosa;* IN CFCR 7204

– *Palicourea veterinariorum;* IN CFCR 7223 – *Declieuxia aspalathoides;* IN CFCR 7326 – *Augusta longifolia;* IN CFCR 7353 – *Malanea macrophylla* f. *bahiensis;* IN CFCR 7382 – *Declieuxia fruticosa;* IN CFCR 7601 – *Palicourea marcgravii.*

Lhotzky s.n. – *Mitracarpus frigidus;* s.n. – *Emmeorhiza umbellata;* 820 – *Mitracarpus frigidus.*

Lira, S.S. 49 – *Palicourea marcgravii;* 62 – *Palicourea blanchetiana;* 65 – *Coccocypselum lanceolatum;* 83 – *Staelia aurea;* 151 – *Psychotria schlechtendaliana;* 154 – *Palicourea marcgravii;* 162 – *Psychotria sessilis.*

Lobo, C.M.B. 3 – *Borreria capitata.*

Lucena, M.F.A. 60 – *Psychotria hoffmannseggiana;* 62 – *Emmeorhiza umbellata;* 126 – *Palicourea guianensis;* 133 – *Coutarea hexandra.*

Luetzelburg, P.V. 27085 – *Richardia grandiflora.*

Luschnath s.n. – *Faramea coerulea;* s.n. – *Posoqueria latifolia;* s.n. – *Gonzalagunia dicocca;* s.n. – *Faramea coerulea;* 75 – *Perama hirsuta;* 87 – *Sipanea biflora;* 88 – *Borreria humifusa;* 94 – *Borreria capitata;* 158 – *Gonzalagunia dicocca;* 394 – *Psychotria megalocalyx.*

Marconi, A.B. 31 – *Faramea multiflora;* 68 – *Borreria ocymifolia;* 76 – *Chiococca alba.*

Martius s.n. – *Borreria capitata;* s.n. – *Coussarea ilheotica;* 394 – *Malanea martiana;* 609 – *Coussarea ilheotica;* 618 – *Psychotria platypoda;* 999 – *Faramea coerulea.*

Mattos Silva, L.A. 215 – *Diodia sp.;* 269 – *Richardia brasiliensis;* 275 – *Machaonia spinosa;* 1400 – *Amaioua intermedia* var. *brasiliana;* 1418 – *Faramea blanchetiana;* 1419 – *Psychotria erecta;* 1427 – *Palicourea schlechtendaliana;* 1435 – *Malanea harleyi;* 1486 – *Palicourea blanchetiana;* 1494 – *Psychotria deflexa;* 1519 – *Psychotria carthagenensis;* 1533 – *Amaioua intermedia* var. *brasiliana;* 2331 – *Borreria ocymifolia;* 2542 – *Faramea sp. 1 –;* 2566 – *Malanea macrophylla* f. *bahiensis;* 2584 – *Coussarea bahiensis.*

Mayo, S. IN PCD 41 – *Palicourea marcgravii;* 1004 – *Psychotria platypoda;* 1005 – *Psychotria deflexa;* 1027 – *Chiococca alba;* 1043 – *Psychotria deflexa.*

Mello-Silva, R. 784 – *Palicourea marcgravii;* IN CFCR 7185 – *Manettia cordifolia;* IN CFCR 7252 – *Psychotria leiocarpa;* IN CFCR 7383 – *Declieuxia fruticosa;* IN CFCR 7413 – *Psyllocarpus asparagoides;* IN CFCR 7463 – *Psychotria carthagenensis;* IN CFCR 7483 – *Mitracarpus megapotamicus;* IN CFCR 7602 – *Palicourea blanchetiana.*

Melo, E. 952 – *Salzmannia nitida;* 965 – *Psychotria platypoda;* 965 – *Psychotria platypoda;* 977 – *Alibertia concolor;* 1029 – *Psychotria platypoda;* 1047 – *Posoqueria latifolia;* 1151 – *Alseis floribunda;* 1174 – *Coutarea alba;* IN PCD 1176 – *Hillia parasitica;* IN PCD 1179 – *Alibertia concolor;* IN PCD 1180 – *Palicourea veterinariorum;* IN PCD 1188 – *Hillia parasitica;* 1199 – *Alseis floribunda;* IN PCD 1216 – *Palicourea marcgravii;* IN PCD 1216A *Palicourea marcgravii;* 1279 – *Chiococca alba;* 1288 – *Chiococca alba;* 1372 – *Leptoscela ruellioides;* IN PCD 1379 – *Declieuxia aspalathoides;* 1528 – *Leptoscela ruellioides;* 1611 – *Mitracarpus* *megapotamicus;* IN PCD 1635 – *Psychotria hoff-mannseggiana;* IN PCD 1701 – *Alibertia concolor;* 1718 – *Borreria verticillata;* IN PCD 1728 – *Oldenlandia sp. nov. aff. filicaulis;* 1735 – *Borreria eryngioides;* IN PCD 1779 – *Hillia parasitica.*

Mendonça, R.C. 1370 – *Spermacoce* sp.

Menezes, N.L. IN CFCR 1469 – *Emmeorhiza umbellata.*

Miers 2751 – *Psychotria leiocarpa;* 4121 – *Psychotria leiocarpa.*

Moraes, J.C. 1879 – *Diodia apiculata;* 2173 – *Sabicea grisea.*

Morawetz, W. 17–24878 – *Salzmannia nitida;* 112–31878 – *Guettarda platypoda.*

Mori, S.A. 3307 – *Coussarea gracilliflora;* 9315 – *Schradera polycephala;* 9335 – *Simira pisoniiformis;* 9401 – *Psychotria sessilis;* 9509 – *Richardia brasiliensis;* 9535 – *Machaonia spinosa;* 9554 – *Simira grazielae;* 9640 – *Psychotria chaenotricha;* 9679 – *Faramea nitida;* 9770 – *Chiococca alba;* 9774 – *Chiococca alba;* 9776 – *Psychotria platypoda;* 9787 – *Coccocypselum lanceolatum;* 9923 – *Mitracarpus villosus;* 10007 – *Mitracarpus parvulus;* 10026 – *Coccocypselum lanceolatum;* 10034 – *Manettia cordifolia;* 10097 – *Borreria scabiosoides* var. *glabrescens;* 10115 – *Psychotria racemosa;* 10147 – *Faramea blanchetiana;* 10148 – *Posoqueria macropus;* 10153 – *Chiococca alba;* 10172 – *Diodia apiculata;* 10231 – *Emmeorhiza umbellata;* 10271 – *Hoffmannia peckii;* 10320 – *Simira pisoniiformis;* 10328 – *Molopanthera paniculata;* 10328A *Molopanthera paniculata;* 10337 – *Pagamea harleyi;* 10338 – *Borreria monodon;* 10490 – *Posoqueria latifolia;* 10604 – *Pagamea guianensis;* 10620 – *Posoqueria latifolia;* 10779 – *Chomelia pubescens;* 10882 – *Salzmannia nitida;* 10927 – *Coccocypselum anomalum;* 11105 – *Alseis floribunda;* 11320 – *Galianthe brasiliensis* subsp. *brasiliensis;* 11339 – *Psychotria platypoda;* 11373 – *Borreria oligodonta;* 11410 – *Guettarda platypoda;* 11435 – *Malanea macrophylla* f. *bahiensis;* 11436 – *Sabicea grisea;* 11494 – *Posoqueria macropus;* 11506 – *Bathysa mendoncaei;* 11582 – *Psychotria astrellantha;* 11712 – *Amaioua pilosa;* 11715 – *Borreria scabiosoides;* 11754 – *Coussarea ilheotica;* 11779 – *Psychotria bahiensis;* 11873 – *Guettarda platyphylla;* 11903 – *Simira grazielae;* 11907 – *Psychotria deflexa;* 11933 – *Psychotria jambosioides;* 11956 – *Psychotria bahiensis;* 11969 – *Coccocypselum anomalum;* 11981 – *Borreria capitata;* 11993 – *Pagamea guianensis;* 12039 – *Coussarea ilheotica;* 12094A *Psychotria cephalantha;* 12102 – *Coussarea gracilliflora;* 12146 – *Psychotria carthagenensis;* 12310 – *Galianthe brasiliensis* subsp. *brasiliensis;* 12352 – *Augusta longifolia;* 12416 – *Borreria capitata;* 12750 – *Chiococca alba;* 12810 – *Pagamea guianensis;* 12815A *Psychotria carthagenensis;* 12820 – *Borreria humifusa;* 12873 – *Psychotria deflexa;* 12994 – *Coussarea ilheotica;* 13020 – *Palicourea guianensis;* 13039 – *Palicourea schlechtendaliana;* 13165 – *Oldenlandia salzmannii;* 13186 – *Palicourea marc-gravii;* 13292 – *Hillia parasitica;* 13330 – *Chomelia ribesioides;* 13379 – *Manettia cordifolia* var.

attenuata; 13432 – *Mitracarpus parvulus;* 13474 – *Alibertia concolor;* 13583 – *Mitracarpus villosus;* 13843 – *Stachyrrhaena harleyi;* 13921 – *Palicourea guianensis;* 13983 – *Amaioua intermedia.*

Moricand s.n. – *Mitracarpus frigidus;* s.n. – *Emmeorhiza umbellata;* s.n. – *Psychotria bracteo-cardia;* 89 – *Salzmannia nitida;* 1867 – *Mitracarpus anthospermoides;* 2182 – *Oldenlandia salzmannii;* 2341 – *Randia nitida;* 2351 – *Randia nitida.*

Moseley s.n. – *Borreria verticillata.*

Nascimento, F.H.F. 86 – *Posoqueria latifolia;* 102 – *Posoqueria latifolia;* 133 – *Psychotria leiocarpa;* 154 – *Alibertia concolor;* 155 – *Psychotria subtriflora.*

Nascimento, L. 222 – *Psychotria carthagenensis;* 389 – *Rudgea jacobinensis.*

Nic Lughadha, E. IN PCD 5902 – *Declieuxia aspalathoides;* IN PCD 6018 – *Tocoyena formosa;* IN PCD 6159 – *Chiococca alba;* IN H 50201 – *Psychotria stachyoides;* IN H 50205 – *Coccocypselum lanceolatum;* IN H 50212 – *Hindsia sessilifolia;* IN H 50218 – *Hillia parasitica;* IN H 50554 – *Chiococca alba;* IN H 50769 – *Oldenlandia sp. nov. aff. fili-caulis* ; IN H 51027 – *Diodia apiculata;* IN H 51028 – *Diodia rosmarinifolia;* IN H 51033 – *Declieuxia saturejoides;* IN H 51038 – *Chiococca alba;* IN H 51044 – *Diodia radula;* IN H 51045 – *Richardia grandiflora;* IN H 51046 – *Diodia apiculata;* IN H 51135 – *Galium hypocarpium;* IN H 51136 – *Diodia sarmentosa;* IN H 53345 – *Alibertia concolor.*

Noblick, L.R. 3397 – *Psychotria bracteocardia;* 3421 – *Chiococca sp. nov.;* 3437 – *Borreria monodon;* 3709 – *Mitracarpus megapotamicus.*

Oliveira, A.A. 2 – *Staelia virgata.*

Oliveira, C.A. 11 – *Psychotria carthagenensis.*

Oliveira, M. 2 – *Psychotria bahiensis;* 15 – *Palicourea guianensis;* 39 – *Psychotria hoffmannseggiana;* 55 – *Manettia cordifolia;* 61 – *Psychotria sessilis;* 72 – *Emmeorhiza umbellata;* 75 – *Borreria ocymifolia;* 251 – *Palicourea marcgravii.*

Orlandi, R. IN PCD 280 – *Palicourea veterinariorum;* IN PCD 517 – *Borreria capitata;* IN PCD 648 – *Mitracarpus frigidus.*

Passos, L. IN PCD 5033 – *Coutarea hexandra;* IN PCD 5044 – *Borojoa lanceolata.*

Paula, J.E. de 1306 – *Guettarda platyphylla.*

Pearson, H.P.N. 47 – *Simira gardneriana.*

Pereira, A. IN PCD 246 – *Mitracarpus frigidus;* IN PCD 259 – *Palicourea marcgravii;* IN PCD 259A *Palicourea marcgravii;* IN PCD 262 – *Declieuxia aspalathoides;* IN PCD 1745 – *Declieuxia aspalathoides.*

Pereira, E. 9639 – *Palicourea guianensis;* E. 9643 – *Guettarda platyphylla.*

Pickersgill, B. RU–72(89) *Diodia dasycephala;* RU–72(233) *Borreria densiflora;* RU–72(122) *Richardia grandiflora.*

Pinto, G.C.P. 299(83) *Salzmannia nitida;* 308(83) *Chiococca sp. nov.;* 326(83) *Palicourea sclerophylla.*

Pirani, J.R. IN CFCR 1911 – *Alibertia concolor;* IN CFCR 2075 – *Staelia virgata;* IN CFCR 2082 – *Borreria oligodonta;* IN CFCR 2086 – *Diodia* *apiculata;* IN CFCR 2175 – *Declieuxia aspalathoides;* 2649 – *Salzmannia nitida;* 2663 – *Guettarda platyphylla;* 2719 – *Psychotria carthagenensis;* 2995 – *Rudgea conocarpa;* IN CFCR 7372 – *Declieuxia fruticosa;* IN CFCR 7407 – *Borreria* sp.; IN CFCR 7415 – *Richardia grandiflora;* IN CFCR 7479 – *Oldenlandia salzmannii;* IN CFCR 7513 – *Palicourea marcgravii;* IN CFCR 7633 – *Psyllocarpus laricoides;* IN H 51014 – *Posoqueria latifolia;* IN H 51025 – *Manettia cordifolia;* IN H 51321 – *Hindsia sessilifolia;* IN H 51345 – *Richardia grandiflora;* IN H 51348 – *Palicourea marcgravii;* IN H 51349 – *Chiococca alba;* IN H 51441 – *Chiococca alba;* IN H 51445 – *Coutarea hexandra;* IN H 51451 – *Diodia radula;* IN H 51459 – *Stachyrrhaena krukovii;* IN H 51463 – *Psychotria hoffmannseggiana;* IN H 51474 – *Declieuxia fruticosa;* IN H 51487 – *Palicourea rigida.*

Plowman, T. 10052 – *Chiococca* sp. nov.; 10074 – *Chiococca alba;* 10086 – *Psychotria platypoda;* 12769 – *Guettarda platypoda;* 12782 – *Chiococca* sp. nov.; 13948 – *Chiococca* sp. nov.; 13972 – *Salzmannia nitida.*

Pohl 785 – *Borreria tenera;* 790 – *Spermacoce assurgens;* 798 – *Psychotria barbiflora;* 799 – *Psychotria platypoda;* 817 – *Richardia grandiflora;* 832 – *Emmeorhiza umbellata;* 833 – *Emmeorhiza umbellata;* 846A *Psychotria leiocarpa;* 846 – *Psychotria leiocarpa;* 996 – *Psychotria malaneoides;* 1567 – *Borreria tenera.*

Poveda, A. IN PCD 677 – *Palicourea marcgravii;* IN PCD 681 – *Declieuxia aspalathoides.*

Preston, T.A. s.n. – *Spermacoce prostrata;* s.n. – *Borreria oligodonta;* s.n. – *Diodia conferta;* s.n. – *Psychotria capitata;* s.n. – *Borreria oligodonta;* s.n. – *Borreria oligodonta;* s.n. – *Spermacoce* sp.; s.n. – *Richardia grandiflora.*

Queiroz, L.P. 1003 – *Alseis floribunda;* 1114 – *Alseis floribunda;* 1417 – *Psychotria chaenotricha;* 1463 – *Psychotria hoffmannseggiana;* 1607 – *Mitracarpus villosus;* 1675 – *Borojoa lanceolata;* 2079 – *Palicourea rigida;* 2903 – *Staelia virgata;* 2917 – *Alseis floribunda;* 2984 – *Mitracarpus villosus;* 2997 – *Psychotria chaenotricha;* 3051 – *Psychotria astrellantha;* 3051 – *Psychotria chaenotricha;* 3143 – *Coccocypselum lanceolatum;* 3156 – *Psychotria carthagenensis;* 3191 – *Mitracarpus lhotzkyanus;* 3598 – *Alibertia sessilis;* 3826 – *Mitracarpus villosus;* IN PCD 3844 – *Declieuxia aspalathoides;* 3893 – *Alseis floribunda;* 4032 – *Declieuxia aspalathoides;* IN PCD 4103 – *Rudgea irregularis;* IN PCD 4106 – *Faramea cyanea;* 4374 – *Palicourea marcgravii;* 4379 – *Palicourea rigida;* 4421 – *Psyllocarpus asparagoides;* 4842 – *Machaonia acuminata;* 4845 – *Chomelia obtusa;* 4845 – *Chomelia obtusa;* 5005 – *Galianthe brasiliensis* subsp. *brasiliensis;* 5010 – *Borreria capitata;* 5053 – *Retiniphyllum laxiflorum;* 5077 – *Mitracarpus frigidus;* IN H 51539 – *Psychotria leiocarpa;* IN H 51542 – *Alibertia concolor.*

Ramalho, F.C. 18 – *Posoqueria latifolia.*

Ridley s.n. – *Erithalis insularis;* 88 – *Guettarda leai.*

Riedel 57 – *Chomelia martiana;* 62 – *Chiococca alba;*

91 – *Borreria verticillata;* 95 – *Faramea castellana;* 117 – *Psychotria megalocalyx;* 136 – *Emmeorhiza umbellata;* 147 – *Spermacoce exilis;* 216 – *Diodia apiculata;* 266 – *Borreria humifusa;* 280 – *Gonzalagunia hirsuta;* 321 – *Psychotria bracteocardia;* 321 – *Salzmannia nitida;* 324 – *Psychotria ipecacuanha;* 349 – *Psychotria carthagenensis;* 390 – *Malanea macrophylla* f. *bahiensis;* 402 – *Randia nitida;* 478 – *Psychotria carthagenensis;* 600 – *Diodia alata;* 609 – *Psychotria jambosioides;* 616 – *Genipa americana;* 632 – *Geophila orbicularis;* 638 – *Psychotria bahiensis;* 706 – *Diodia cymosa;* 768 – *Psychotria inaequifolia.*

Rodal, M.J.N. 218 – *Palicourea marcgravii;* 219 – *Coccocypselum lanceolatum;* 227 – *Chiococca alba;* 257 – *Staelia virgata;* 260 – *Richardia grandiflora;* 300 – *Leptoscela ruellioides;* 344 – *Guettarda sericea;* 345 – *Guettarda sericea;* 355 – *Randia nitida;* 389 – *Palicourea marcgravii;* 483 – *Psychotria bahiensis;* 512 – *Tocoyena formosa;* 527 – *Alibertia concolor;* 638 – *Psychotria bahiensis.*

Rodrigues, E. 33 – *Palicourea marcgravii;* 41 – *Coccocypselum lanceolatum;* 44 – *Borreria humifusa;* 53 – *Staelia aurea;* 54 – *Palicourea marcgravii;* 81 – *Borreria humifusa.*

Roque, N. IN CFCR 14905 – *Chomelia ribesioides.*

Saar, E. IN PCD 4949 – *Alibertia concolor;* IN PCD 5026 – *Coutarea hexandra;* IN PCD 5373 – *Faramea cyanea.*

Sales de Melo, M.R.C. 29 – *Malanea macrophylla* f. *bahiensis;* 50 – *Palicourea marcgravii;* 54 – *Staelia aurea;* 104 – *Coccocypselum lanceolatum;* 141 – *Psychotria deflexa;* 155 – *Psychotria deflexa;* 161 – *Psychotria platypoda;* 163 – *Psychotria carthagenensis;* 166 – *Psychotria hoffmannseggiana;* 171 – *Palicourea marcgravii;* 178 – *Borreria humifusa;* 178 – *Palicourea marcgravii;* 204 – *Borreria scabiosoides;* 207 – *Borreria humifusa;* 220 – *Manettia cordifolia;* 227 – *Psychotria deflexa;* 230 – *Borreria humifusa;* 238 – *Coccocypselum lanceolatum;* 238 – *Psychotria platypoda;* 239 – *Psychotria deflexa;* 243 – *Manettia cordifolia;* 246 – *Psychotria hoffmannseggiana;* 263 – *Psychotria carthagenensis;* 265 – *Psychotria sessilis;* 283 – *Manettia cordifolia;* 299 – *Psychotria carthagenensis;* 300 – *Palicourea guianensis;* 331 – *Psychotria bahiensis;* 370 – *Mitracarpus lhotzkyanus;* 388 – *Alibertia rigida;* 395 – *Psychotria platypoda;* 416 – *Manettia cordifolia;* 426 – *Alibertia rigida;* 462 – *Psychotria schlechtendaliana;* 536 – *Psychotria bahiensis;* 606 – *Psychotria bahiensis;* 617 – *Psychotria bahiensis;* 652 – *Randia nitida;* 661 – *Randia nitida;* 667 – *Mitracarpus megapotamicus.*

Salzmann s.n. – *Chiococca alba;* s.n. A *Psychotria carthagenensis;* s.n. – *Richardia grandiflora;* s.n. – *Emmeorhiza umbellata;* s.n. A *Psychotria bahiensis;* s.n. – *Borreria verticillata;* s.n. – *Hamelia patens;* s.n. – *Diodia radula;* s.n. – *Salzmannia nitida;* s.n. B *Psychotria carthagenensis;* s.n. – *Borreria ocymifolia;* s.n. – *Guettarda platypoda;* s.n. – *Richardia grandiflora;* s.n. – *Borreria humifusa;* s.n. – *Mitracarpus frigidus* var. *salzmannianus;* s.n. – *Amaioua intermedia;* s.n. – *Psychotria barbi-*

flora; s.n. – *Perama hirsuta*; s.n. – *Psychotria bahiensis*; s.n. – *Psychotria barbiflora*; s.n. – *Psychotria bracteocardia*; s.n. – *Spermacoce prostrata*; s.n. – *Psychotria chaenotricha*; s.n. – *Gonzalagunia dicocca*; s.n. – *Mitracarpus frigidus*; s.n. – *Borreria capitata*; s.n. – *Genipa americana*; 424 – *Chomelia anisomeris*; 765 – *Oldenlandia salzmannii*; 1069 – *Emmeorhiza umbellata*.

Sano, P.T. IN CFCR 14427 – *Oldenlandia* sp. nov. *aff. filicaulis*; IN CFCR 14432 – *Borreria capitata*; IN CFCR 14463 – *Staelia catechosperma*; IN CFCR 14470 – *Manettia cordifolia* var. *attenuata*; IN CFCR 14512 – *Diodia* sp. nov.; IN CFCR 14579 – *Mitracarpus lhotzkyanus*; IN CFCR 14843 – *Alibertia concolor*; IN CFCR 14866 – *Declieuxia fruticosa*; IN CFCR 14874 – *Declieuxia aspalathoides*; IN H 50878 – *Declieuxia saturejoides*; IN H 50981 – *Psyllocarpus asparagoides*; IN H 52354 – *Psychotria leiocarpa*; IN H 52368 – *Palicourea marcgravii*.

Sant'Ana, S.C. 48 – *Psychotria schlechtendaliana*; 77 – *Salzmannia nitida*.

Santos, E.B. 90 – *Psychotria iodotricha*.

Santos, T.S. 3649 – *Hillia viridiflora*; 3651 – *Spermacoce* sp.; 3689 – *Faramea* sp. 2 –; 3727 – *Bathysa mendoncaei*.

Schott 797 – *Psychotria stachyoides*.

Sellow s.n. – *Psyllocarpus laricoides*; s.n. – *Palicourea nicotianaefolia*; s.n. – *Psychotria bahiensis*; s.n. – *Psyllocarpus laricoides*; s.n. – *Lipostoma capitata*; s.n. – *Perama hirsuta*; s.n. – *Psychotria tenerior*; s.n. – *Psychotria exannulata*; s.n. – *Declieuxia fruticosa*; s.n. – *Chiococca alba*; s.n. – *Richardia grandiflora*; s.n. – *Salzmannia nitida*; s.n. – *Psychotria carthagenensis*; s.n. – *Palicourea marcgravii*; s.n. – *Staelia thymoides*; s.n. – *Psyllocarpus laricoides*; s.n. – *Psychotria malaneoides*; s.n. – *Oldenlandia salzmannii*; s.n. – *Emmeorhiza umbellata*; s.n. – *Limnosipanea erythraeoides*; s.n. – *Sipanea biflora*; s.n. – *Psychotria sessilis*; s.n. – *Palicourea sclerophylla*; s.n. – *Psychotria bahiensis*; s.n. – *Psychotria carthagenensis*; s.n. – *Declieuxia tenuiflora*; 28 – *Psychotria jambosioides*; 86 – *Galianthe brasiliensis* subsp. *brasiliensis*; 113 – *Psychotria leiocarpa*; 156 – *Coccocypselum lanceolatum*; 299 – *Sabicea hirsuta* var. *sellowii*; 614 – *Diodia apiculata*; 723(1055) *Lipostoma capitata*; 765 – *Oldenlandia salzmannii*; 1019 – *Sipanea biflora*; 1020 – *Declieuxia fruticosa*; 1021 – *Declieuxia tenuiflora*; 1026 – *Psychotria carthagenensis*; 1027 – *Chiococca alba*; 1028 – *Psychotria chaenotricha*; 1030 – *Palicourea sellowiana*; 1134 – *Coccocypselum cordifolium*; 1167 – *Psyllocarpus laricoides*; prov. 1740 – *Coccocypselum pedunculare*; 2020 – *Declieuxia fruticosa*; 3533 – *Mitracarpus sellowianus*; 4429 – *Psychotria carthagenensis*; 5279 – *Chiococca alba*; 5699 – *Diodia setigera*; 5848 – *Emmeorhiza umbellata*.

Silva, A.G. 122 – *Posoqueria latifolia*; 163 – *Amaioua guianensis*.

Silva, D.C. 38 – *Psychotria bahiensis*; 57 – *Psychotria sessilis*.

Silva, E.I. 106 – *Coutarea hexandra*.

Silva, E.L. 70 – *Psychotria schlechtendaliana*; 71 –

Psychotria sessilis; 80 – *Emmeorhiza umbellata*; 82 – *Psychotria bahiensis*; 94 – *Psychotria bahiensis*; 105 – *Emmeorhiza umbellata*.

Silva, G.P. 2432 – *Diodia apiculata*; 2482 – *Richardia grandiflora*.

Silva, J.S. 685 – *Alibertia rigida*.

Silva, L.F. 18 – *Manettia cordifolia*; 25 – *Psychotria bahiensis*; 38 – *Palicourea marcgravii*; 44 – *Manettia cordifolia*; 62 – *Emmeorhiza umbellata*; 84 – *Psychotria platypoda*; 144 – *Psychotria bahiensis*; 167 – *Psychotria sessilis*; 168 – *Psychotria sessilis*; 191 – *Psychotria sessilis*; 194 – *Palicourea marcgravii*; 194 – *Psychotria schlechtendaliana*; 206 – *Diodia radula*; 207 – *Palicourea marcgravii*.

Souza, E.B. 9 – *Chiococca alba*; 11 – *Palicourea guianensis*; 15 – *Psychotria sessilis*; 35 – *Diodia sarmentosa*.

Souza, G.M. 82 – *Psychotria hoffmannseggiana*; 94 – *Psychotria hoffmannseggiana*; 105 – *Psychotria bahiensis*; 155 – *Psychotria hoffmannseggiana*.

Souza, V.C. 5536 – *Declieuxia passerina*; 22721 – *Manettia cordifolia*; 22723A *Richardia grandiflora*; 22735 – *Mitracarpus lhotzkyanus*.

Stannard, B. IN PCD 4766 – *Alibertia concolor*; IN PCD 4919 – *Declieuxia fruticosa*; IN PCD 4991 – *Ixora venulosa*; IN PCD 5531 – *Richardia grandiflora*; IN PCD 5816 – *Palicourea marcgravii*; IN CFCR 6846 – *Tocoyena formosa*; IN CFCR 6887 – *Declieuxia fruticosa*; IN CFCR 6982 – *Palicourea marcgravii*; IN H 50802 – *Psychotria stachyoides*; IN H 50817 – *Psychotria stachyoides*; IN H 50818 – *Coccocypselum aureum*; IN H 50823 – *Manettia cordifolia*; IN H 50842 – *Mitracarpus villosus*; IN H 51097 – *Declieuxia aspalathoides*; IN H 51105 – *Perama hirsuta*; IN H 51124 – *Declieuxia aspalathoides*; IN H 51125 – *Declieuxia saturejoides*; IN H 51131 – *Borreria capitata*; IN H 51609 – *Psyllocarpus asparagoides*; IN H 51620 – *Coccocypselum lanceolatum*; IN H 51622 – *Psychotria bahiensis*; IN H 51623 – *Psychotria subtriflora*; IN H 51626 – *Coutarea hexandra*; IN H 51687 – A *Manettia cordifolia*; IN H 51696 – *Declieuxia aspalathoides*; IN H 51711 – *Alibertia concolor*; IN H 51717 – *Manettia cordifolia*; IN H 51745 – *Diodia apiculata*; IN H 51748 – *Manettia cordifolia*; IN H 51750 – *Declieuxia fruticosa*; IN H 51771 – *Chomelia ribesioides*; IN H 51809 – *Manettia cordifolia*; IN H 51819 – *Declieuxia aspalathoides*; IN H 51837 – *Mitracarpus frigidus*; IN H 51923 – *Alibertia concolor*; IN H 51938 – *Psychotria subtriflora*; IN H 51958 – *Manettia cordifolia*; IN H 51959 – *Psychotria bahiensis*; IN H 52018 – *Mitracarpus villosus*; IN H 52053 – *Perama hirsuta*; IN H 52123 – *Chiococca alba*; IN H 52134 – *Psychotria leiocarpa*; IN H 52144 – *Manettia cordifolia*; IN H 52703 – *Richardia grandiflora*; IN H 52727 – *Borreria gracillima*; IN H 52736 – *Hillia parasitica*; IN H 52816 – *Manettia cordifolia*; IN H 52838 – *Manettia cordifolia*.

Straedmann, M.T.S. IN PCD 441 – *Declieuxia aspalathoides*; IN PCD 538 – *Palicourea marcgravii*; IN PCD 576 – *Manettia cordifolia*.

Swainson s.n. – *Guettarda platypoda*; s.n. – *Psychotria barbiflora*.

Talbot, H.F. s.n. – *Malanea macrophylla.*

Thomas, W.W. 6003 – *Gonzalagunia dicocca;* 6040 – *Psychotria schlechtendaliana;* 9151 – *Alibertia myrciifolia.*

Tscha, M.C. 38 – *Palicourea guianensis;* 101 – *Psychotria platypoda;* 106 – *Psychotria carthagenensis;* 137 – *Guettarda sericea;* 182 – *Psychotria deflexa;* 216 – *Randia nitida;* 220 – *Psychotria bahiensis;* 222 – *Psychotria bahiensis;* 256 – *Coutarea alba;* 306 – *Manettia cordifolia;* 309 – *Psychotria schlechtendaliana;* 327 – *Psychotria carthagenensis;* 516 – *Randia nitida;* 529 – *Coutarea hexandra;* 754 – *Palicourea guianensis;* 806 – *Psychotria sessilis.*

Ule, E. 7063 – *Alseis floribunda;* 7127 – *Palicourea officinalis;* 7268 – *Alseis involuta;* 7352 – *Psychotria stachyoides;* 7354 – *Declieuxia marioides;* 7355 – *Declieuxia fruticosa;* 7357 – *Declieuxia aspalathoides;* 7419 – *Oldenlandia filicaulis;* 7487 – *Mitracarpus rigidifolius;* 7559 – *Mitracarpus rigidifolius;* 9115 – *Borreria* ; 9116 – *Hamelia patens;* 9117 – *Psychotria schlechtendaliana.*

Vauthier 93 – *Psychotria sessilis;* 96 – *Psychotria deflexa;* 217 – *Psychotria carthagenensis.*

Villarouco, F.A. 5 – *Alibertia rigida;* 15 – *Psychotria bahiensis;* 28 – *Palicourea marcgravii;* 32 – *Psychotria sessilis;* 33 – *Psychotria sessilis;* 34 – *Psychotria schlechtendaliana;* 35 – *Palicourea guianensis;* 36 – *Palicourea marcgravii;* 49 – *Palicourea marcgravii;* 69 – *Psychotria hoffmannseggiana;* 72 – *Psychotria schlechtendaliana;* 74 – *Galium hypocarpium;* 79 – *Palicourea marcgravii;* 80 – *Psychotria schlechtendaliana;* 84 – *Staelia aurea;* 93 – *Leptoscela ruellioides;* 116 – *Palicourea marcgravii;* 118 – *Psychotria hoffmannseggiana;* 119 – *Palicourea marcgravii;* 133 – *Staelia aurea;* 165 – *Faramea multiflora.*

Webster, G.L. 25102 – *Psychotria platypoda.*